U0187152

 "十三五"普通高等教育本科部委级规划教材

服装设计：
创意设计与表现

FASHION
CREATIVE
DESIGN

黄嘉　向书沁　欧阳宇辰◎编著

中国纺织出版社有限公司

内 容 提 要

本书是"十三五"普通高等教育本科部委级规划教材，是针对高等院校服装专业编著的教学用书。主要围绕服装设计中的创意设计与表现，以设计方法和设计程序为重点，由浅入深地阐述服装创意设计的概念、创新思维方式和灵感来源，从形式、色彩、材料、图像方面详细讲解多种设计方法，并有针对性地介绍完整的设计程序，包含调研、主题设计、元素转换、实现创作与案例分析。本书分阶段、分层次、分种类地呈现了服装创意设计的方法和技巧，案例多样、步骤清晰、实用性强。通过阅读本书，能够切实掌握各种设计技巧，感受创意服装带来的天马行空的想象力。

本书既可作为高等院校服装专业的教学用书，也可作为服装企业人员、服装设计师等专业人士的参考用书，同样适合广大服装爱好者阅读与收藏。

图书在版编目（CIP）数据

服装设计：创意设计与表现／黄嘉，向书沁，欧阳宇辰编著.――北京：中国纺织出版社有限公司，2020.7（2023.2重印）

"十三五"普通高等教育本科部委级规划教材

ISBN 978-7-5180-7182-1

Ⅰ.①服… Ⅱ.①黄… ②向… ③欧… Ⅲ.①服装设计–高等学校–教材 Ⅳ.①TS941.2

中国版本图书馆CIP数据核字（2020）第032585号

策划编辑：李春奕　　责任编辑：杨　勇　　责任校对：楼旭红
责任设计：何　建　　责任印制：王艳丽

中国纺织出版社有限公司出版发行
地址：北京市朝阳区百子湾东里A407号楼　邮政编码：100124
销售电话：010—67004422　传真：010—87155801
http://www.c-textilep.com
中国纺织出版社天猫旗舰店
官方微博http://weibo.com/2119887771
天津宝通印刷有限公司印刷　各地新华书店经销
2020年7月第1版　2023年2月第4次印刷
开本：889×1194　1/16　印张：8
字数：100千字　定价：59.80元

凡购本书，如有缺页、倒页、脱页，由本社图书营销中心调换

Fashion Journey

服装作品，品牌Iris van Herpen

　　随着时代的发展、科技的进步，人们对服装的要求越来越高，服装不仅要具备功能特点，还要能满足人们的审美需求。为了更好地引导服装设计专业的学生和服装设计爱好者由浅入深地学习，本书围绕服装创意设计做了充分讲解，其中包括创造性思维的培养、服装创意灵感来源、设计方法及设计程序等。

　　不断创新是现代服装设计转型升级的重点，也是提升设计附加值、增强服装品牌市场竞争力的关键。因此，服装设计师在具有敏锐时尚触觉的同时，还应具备创新设计理念。设计师在培养创新精神的过程中，应当养成主动思考的习惯，注重创新意识的培养与训练。首先，培养对事物的好奇心，对问题的敏锐感，强烈的探究愿望；其次，激发对事物的兴趣和求知欲，引起探究活动，进而形成创新的动力；最后，培养主动思考的习惯，注重创新意识的训练，有意识地培养创新思维的敏捷性、变通性、直觉性和独创性，在层次分明的训练计划中，不断挖掘和开发创新思维。服装设计中，创新思维通常都是通过各种形式的图稿表现出来的，但是设计图稿和完成实物还存在一定的距离，通过对本书设计方法和设计程序的学习，有助于读者将思维成果实物化，这是检验创新思维的标杆。本书提供了学习者所必备的大量基础知识以及丰富的案例研究，鼓励学习者通过尝试不同的方法进行服装创意设计，突破传统模式。

　　本书主要由黄嘉、向书沁、欧阳宇辰撰写，黄嘉统稿，向书沁、欧阳宇辰、杜希负责图文编辑与版式设计，陈石、杨露、罗杰、陆佳丽等提供案例。此外，书中选取了近年来四川美术学院服装艺术设计专业同学的优秀习作，在此向提供作品的同学表示感谢。对于书中存在的不足之处，恳请读者批评指正。

编著者

2020年1月

目录

服装作品，品牌 Maison Margiela

第一章
概述

　　创意是精神与物质生产的需要，它非常清晰地体现在工业、建筑、艺术、音乐之中，以及生活的方方面面。服装创意设计是基于人们对服装新款式的渴望，这种渴望驱动着服装的不断变化更新。在大千世界芸芸众生中，很多人都有各自的着装风格，希望彰显个性、有别于他人，因此标新立异，才有市场的千变万化。不断变化和标新立异都是在创造性思维的前提下产生的，那么创造性思维的培养自然成为服装创意设计的重要课题。在学习服装创意设计之前，我们首先要清楚地了解其概念、定位和风格。

一、服装创意设计的概念

（一）创意

创意，是创造意识或创新意识的简称。它是对现实存在事物的理解及认知所衍生出的一种新的抽象思维和行为潜能。通过创意，可以进一步挖掘和激活资源组合方式，从而提升资源价值。好的创意是有灵性的，它源于生活并高于生活。同时，创意具有开拓性、超前性、挑战性等特征。

（二）创意设计

设计，是指根据一定的目的和要求预先计划、制定方法和图样。设计就是创新，对于一个生活在21世纪的人来说，每个人都可以是一名设计师，因为生活是设计的基础。设计的范围十分广泛，深入到我们生活的各个方面，包括我们居住的环境、日常用品、交通工具等，设计无处不在。

创意设计，由创意与设计两部分构成，是将创造性的思想、理念以设计的方式予以延伸、呈现、诠释。创意可以天马行空，设计的转换需要理性分析、具体表达以及技术支撑。因此，创意设计作品的诞生需要思想与技术的平衡，是两者完美的结合。

（三）服装创意设计

服装创意设计，是概念性的设计活动，和其他艺术形式的创作活动有许多共通之处，设计师如同艺术家，将生活中得来的诸多表象素材作为材料，围绕一定的主体倾向进行艺术思维探讨，从而获得最初的艺术意向。当最佳想法从一大堆想法中脱颖而出后，对这一最佳想法切实付诸实践的过程就是设计所需要的。但并不是所有的新想法都可以变为现实，这中间有一个从想象到现实的转换，这种转换还需要做多个试验（图1-1）。

图1-1　服装创意设计、创意、设计三者的关系图

（四）服装创意设计的5W1H分析法

5W1H分析法，也称为六何分析法，是进行服装创意设计时的一种思考方法，也可以说是一种创造技法。最早源于1932年，美国政治学家哈罗德·拉斯韦尔（Harold Lasswell）提出了"5W分析法"，后经人们不断运用和总结，逐步形成了一套成熟的"5W+1H"模式，也就是5W1H分析法。

5W1H分析法是对设计选定的项目、工序或操作，都要从原因（何因Why）、对象（何事What）、地点（何地Where）、时间（何时When）、人员（何人Who）、方法（何法How）六个方面提出问题并进行思考，它能使我们的设计工作有效地执行，从而提高效率。同时，这种思维方法也极大地方便了设计工作、生活。

在运用5W1H分析法进行服装创意设计时，一般要遵循总体原则，把握整体思维模式。在具体创作过程中，常以新颖独到，甚至是挑战传统、颠覆经典的方式进行（图1-2）。

图1-2 服装创意设计

二、服装创意设计的定位

（一）服装类型与创意设计

由于服装的基本形态、品种、用途、制作方法、原材料不同，故不同的服装表现出不同的风格与特色。其种类繁多，为了便于区分，在此将服装概括地分为创意服装、高级定制、高级成衣、普通成衣。

1.创意服装

创意服装，也称为概念服装，是指区别于一般实用性服装、具有超前性或强调设计者个人风格的服装。创意服装常常呈现出概念性、艺术性、试验性等特征，是设计师对历史、文化、观念、哲学、艺术、生活的解读，以及对作品精神和情感的表达。同时，创意服装也是以服装形式为媒介的艺术作品，反映某个时代的思想和艺术特性（图1-3）。

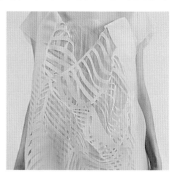

2.高级定制

高级定制（Haute Couture）诠释了服装制作的至高点，名称源于法国巴黎的一位服装设计师查尔斯·弗雷德里克·沃斯（Charles Frederick Worth），他于1858年在巴黎开创了高级服装定制的先河。成立高级服装定制工作室必须满足严格的标准，其中包括：作品都需要纯手工制作，原材料需要通过精心挑选，一定数量的成品需要在时装秀上展出等。高级定制为了达到艺术效果，在制作时不计成本，会使用到昂贵的宝石材料或精美的刺绣等，并投入大量的人力和物力。因此价格极其昂贵，穿戴者不仅要有经济实力，还要具备较高的艺术品位（图1-4、图1-5）。

图1-3　创意服装，设计师英高（Ying Gao）

在机器人设计师西蒙·拉若策（Simon Laroche）的帮助下，设计师制作了两件科技感十足的交互式服装。这个系列创意服装的特点是在内部建有"眼神追踪器"，当其探测到有人在注视时，服装就会发光和动起来。

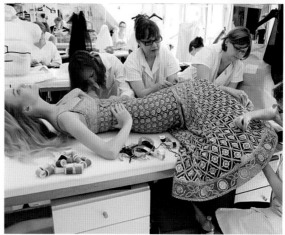

图1-4　高级定制，品牌 Chanel

品牌 Chanel 收购了巴黎有名的手工坊：配饰珠宝坊 Desrues、
羽饰坊 Lemarié、刺绣坊 Lesage、鞋履坊 Massaro、制帽坊
Michel、金银饰坊 Goossens、花饰坊 Guillet 等。这些手工坊
的精湛工艺极大程度地赋予了 Chanel 品牌服装高贵和奢华。

图1-5　高级定制，品牌 Chanel

3.高级成衣

高级成衣(Ready-to-wear)，是指在一定程度上保留或继承了高级定制的某些技术，以中产阶级为对象制作的小批量多品种高档成衣。是介于高级定制和以一般大众为对象大批量生产的普通成衣之间的一种服装产业。每年的巴黎、纽约、米兰、伦敦四大时装周，就包含有高级成衣品牌的发布会，主宰着高级成衣的流行趋势。国际上的高级成衣大体都是设计师品牌，设计师必须具有超前意识，能够时刻站在时尚的尖端，体现设计的个性和品位（图1-6）。

4.普通成衣

普通成衣，是作为规格化和批量化工业生产的服装，其客户群体更加广泛。在款式设计上，普通成衣较多地追寻时下的流行元素，不过度强调服装的艺术性；在制作工艺上，普通成衣没有高级成衣的工艺复杂，会尽可能地考虑成本因素，采用工厂流水线大批量生产；在面料选择上，普通成衣也会选择成本较低的常用面料，而非特殊制作的面料（图1-7）。

图1-6   高级成衣，品牌 Issey Miyake
面料采用先进的褶皱工艺进行制作，是极具品牌代表性的高档褶皱面料。

总体而言，创意服装、高级定制、高级成衣、普通成衣之间有很大的区别。对于成衣，厂家和商家注重销售和利润，而消费者则注重舒适、美观和功能；对于创意服装，设计师注重服装的文化、观念和艺术特征，忽略实用和功能，而实用和功能却恰恰是成衣消费者注重的要素。

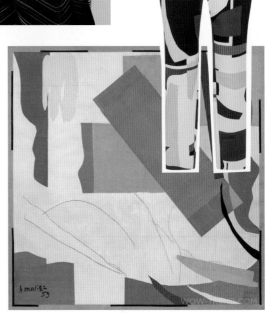

图1-7   普通成衣，品牌 Cushnie et Ochs
结合艺术作品设计制作面料印花，简单的款式、工艺均适合批量化生产。

（二）服装创意设计的分类

服装创意设计一般可以分为创意材料设计、创意结构设计、创意工艺设计、创意配饰设计、创意形象设计、创意展示设计等，这些设计类型分别从服装的各个细节强调创意设计。

1.创意材料设计

这里的创意材料设计指对各种传统、非传统的纺织材料与非纺织材料，使用多种方法、技术进行改造，创造出具有视觉美感的新型材料设计，如塑造立体感、镂空感、透明感的创新材料设计等。在材料肌理的改造过程中，要从材料的视觉、触觉两方面入手，用细节展示出设计的内涵和层次。随着现代科技的发展，越来越多的创意材料被运用到服装设计中，给创意服装领域带来了更多的可能性（图1-8）。

图1-8 创意材料设计

2.创意结构设计

由于创意服装款型多变且没有定式，创意结构设计多会采用非常规的设计手法，如夸张局部、破坏原有结构、解构等，因此结构设计常常会将平面结构与立体结构二者相结合设计，经过反复多次调整后达到设计目的（图1-9~图1-11）。

图1-9　创意背部结构设计

图1-10　通过解构手法对背部、肩部、袖子进行创意结构设计

图1-11　创意结构设计，设计师陈鹏

3.创意工艺设计

创意工艺设计是为了完美表达设计意图，在工艺制作中探索打破常规，运用不同于传统的缝制方法，获得新鲜的制作效果（图1-12、图1-13）。

图1-12 创意工艺设计-1

服装细节为打揽工艺，俗称"拉橡筋"，明线（上线）采用普通线，下线（底线）采用松紧线（细橡筋线），常见缝线呈几行平行状，间距均匀。打揽工艺用在服装的腰部，能从视觉上使腰部变细，以此达到修饰体型的效果。

图1-13 创意工艺设计-2

打揽工艺可用于很多服装装饰部位，如颈部、胸部、背部、腰部、腿部等。

4.创意配饰设计

配饰是服装的附属品，如耳环、项链、饰针、戒指、帽子、手提袋、箱包、纱巾、腰带等。配饰在着装中起装饰作用，是为了突出服装的风格主题，使服装整体效果丰富完整，能更好地诠释服装设计的内在含义及精神，从而将设计理念传递给人们。创意配饰设计必须把握好当前服装与服装配饰的搭配，理解服装与配饰二者之间的关系，仔细斟酌，对设计起到画龙点睛的效果（图1-14）。

图1-14 创意配饰设计，设计师菲利普•崔西（Philip Treacy）
崔西的作品具有很强的独创性，这植根于他对艺术、时尚和历史的深刻了解。作品常运用昆虫、动物、刺状王冠、条状羽毛、几何块面等元素，呈现超现实主义风格，让帽饰如同雕塑般屹立于人体之上，与服装融为一体。同时，崔西还与卡尔•拉格斐(Karl Lagerteld)、亚历山大•麦昆(Alexander McQueen)等设计师合作，创造了一系列美轮美奂的创意配饰。

5. 创意形象设计

这里所讲的形象是依据创意服装进行的发型、面部化妆造型设计，是以提升服装整体效果、突出设计主题为目的。专业的形象设计还包括肌肤、身材、气质及社会角色等各方面综合塑造，一切使生活充满美丽的元素都可以被纳入到形象设计中。如图1-15、图1-16所示，结合配饰、发型、面部化妆完成的形象设计，既统一整体风格，也突出设计主题，让整体形象变得更加完整。

图1-16 创意形象设计，品牌Marc Jacobs

图1-15 创意形象设计（作者：陆佳丽、卢颖怡、孙蕾、罗丹、孟放）

6.创意展示设计

创意展示设计，指在既定的时间和空间范围内，运用艺术设计语言，通过对平面与空间的精心创造，将完整的服装创意通过不同方式展示出来，使其产生独特的视觉效果。创意展示设计一般分为静态展示设计与动态展示设计，前者是针对店铺、展厅等立体空间，后者是针对时装秀。创意展示设计不仅能诠释服装风格主题，传递设计概念，还能使观者更深入地感受到服装作品的精髓，达到完美的精神契合（图1-17）。

图1-17　创意展示设计（学生作品）

三、服装创意设计的风格

贡布里希（Gombrich）在《论风格》中说："风格是表现或者创作所采取的或应当采取的独特而可辨认的方式。"在服装创意设计中，风格包含人——服装——环境三者之间的和谐统一，如某人的衣着、行为的方式、生活工作的环境等，如果具有一贯性，那么就可以称之为"风格"（图1-18）。

一切艺术形式都具有它自身独特的风格，服装设计也一样，各个服装品牌都有其独特的设计理念和风格形象，例如，品牌Dior的风格是经典传统，品牌Chanel的风格是甜美优雅，品牌Vivienne Westwood的朋克风格是在传统基础上的叛逆。

时尚是不断变化的，服装的风格形象也会随着技术改进、时代变迁而变化。例如，设计师克里斯汀·迪奥(Christian Dior)时代的品牌Dior形象是恢复古典时期的经典传统；设计师伊夫·圣·洛朗（Yves Saint Laurent）时代的品牌Dior形象是在经典传统中融入了街头和异国情调；而设计师约翰·加利亚诺(John Galliano)时期的Dior形象是充满着戏剧化色彩的经典传统。但无论时代怎么变迁，品牌Dior经典传统形象的精髓是不会改变的，以不变应万变也是一种风格。

图1-18　不同风格的服装创意设计

（一）古典风格

古典风格，指正统的、真实的、传统的经典风格，不受流行左右。欧洲古典风格的服装强调女性特征，以紧身胸衣和大蓬蓬裙最为典型。东方各民族也都有自己的传统服装，如中国的旗袍、日本的和服、印度的莎丽等。古典风格的服装，是追求严谨、高雅、文静、含蓄，以高度和谐为主要特征的一种服饰风格（图1-19）。

图1-19　古典风格服装，品牌Guo Pei

（二）高贵雅致风格

高贵雅致风格，指优雅、高贵、气质的服装风格，表现成熟女性脱俗考究、典雅稳重的气质风范。高贵雅致风格多以女性自然天成的完美曲线为造型要点，在款式上强调女性的身材比例，同时在面料选择上较为考究，如使用刺绣纹样、柔软丝绸、天鹅绒等具有质感的面料。如图1-20所示，品牌Givenchy的礼服裙和套装，在款式和面料上都体现出了高贵雅致的风格。

图1-20　高贵雅致风格服装，品牌Givenchy

（三）民族民俗风格

　　民族民俗风格，指从亚洲、欧洲、非洲、美洲等世界各地获取服装设计灵感，具有传统民族形式的艺术风格，其风格丰富灿烂、各具特色。民族民俗风格具体可以划分为东方风格、非洲风格、欧美风格、日韩风格等。了解世界各民族民俗服装的风格形象为创意设计提供了丰富的灵感来源，传统服饰中精美的刺绣纹样、绚丽的色彩搭配都为现代服装创意设计提供了宝贵的艺术启迪（图1-21、图1-22）。

图1-21　东方风格服装
从左至右依次为品牌Snow Xue Gao、Stella Jean、Guo Pei服装作品。设计师结合中国藏族文化以及中国古代宫廷服饰元素，打造了独具东方魅力的艺术风格。尤其是设计师郭培的作品，采用宫绣、盘金绣、网绣、垫绣等不同绣法进行组合创新，让一个个栩栩如生的图案跃然眼前，演绎了东方宫廷的浪漫传说，服装极具艺术美感。

图1-22　波西米亚风格服装，品牌Chloé
波西米亚风格源于欧洲，是嬉皮士表达对自由、叛逆、乌托邦的向往。设计师采用鲜艳的印花、粗犷的皮革、古朴的绳结以及精致的手工刺绣、编织、拼接、流苏等装饰元素，展现自然、浪漫、不羁的情怀。

（四）前卫风格

这里的前卫风格是指抽象派、幻觉派、超现实派等风格，前卫风格的服装从朋克式（爆炸式）等街市艺术中获得灵感来源，是新、奇、异的服装形象。如果说古典风格是脱俗求雅的，那么前卫风格就是异俗求新的，它表现出一种对传统观念的叛逆与创新精神。前卫风格包括朋克式风格、抽象派风格和超现实主义风格。

1. 朋克式风格

朋克式风格产生于20世纪70年代后期，由于对社会体制的不满，在体制反叛中诞生了朋克式风格的服装（图1-23）。朋克风格的精髓在于破坏与重建，带有曲别针、链条、铆钉等元素的黑色皮夹克，莫西干族人（居住在美国康涅狄格州东南部的印第安人）的爆炸式发型等是其最突出的特征。

2. 抽象派风格

抽象派风格是指由抽象观念衍生的形式，成为20世纪最流行、最具特色的艺术风格。抽象派风格又以欧普艺术风格和波普艺术风格最具代表性（图1-24）。欧普艺术的特征是利用几何图形和色彩对比，以产生各种形与光的运动，从而造成人的视觉错乱。欧普艺术的主体常以直线、曲线、圆和三角形等几何纹样构成；而波普艺术是一种主要源于商业美术形式的艺术风格，其特点是将大众文化的一些细节，如名人肖像、连环画、快餐及印有商标的包装进行放大复制。

图1-23　运用金属、捆绑、皮革元素诠释朋克式风格的典型特征

图1-24　抽象派风格，品牌Balmain

3.超现实主义风格

设计师受超现实主义风格的影响，将超现实的图形元素用于服装创意设计，如把超现实主义或未来主义画家们的画作、奇特的材料、抽象的造型等作为创意元素，以此创造出超现实主义风格的服装。在一些超现实主义风格的服装中，设计师善于把现成的东西拿来直接用于设计上，给人奇特的荒诞效果（图1-25）。

图1-25 超现实主义风格服装，设计师侯赛因·卡拉扬(Hussein Chalayan)
这件不同寻常的服装被称为浮动连衣裙，有着硬质材料外壳，并且是机动的、装有轮子。同时，服装表面装饰可以飞翔的遥控有翼水晶，动态与静态形成碰撞，极富创意。

图1-26 未来主义风格服装，摄影师基尔西（Kirsi）

图1-27 未来主义风格服装，摄影师安东尼·莫尔（Anthony Maule）

（五）未来主义风格

未来主义风格，指设计师对未来世界、外太空的想象，把科幻电影、宇航服中的未来形象作为设计灵感的服装风格。未来主义风格的服装式样也被称为宇航服式样或太空服式样。材料多采用尖端科技制造或具有光泽感的人造材料，款型简洁（图1-26、图1-27）。

（六）都市风格

都市风格，指符合时代、时尚摩登的服装风格。都市风格服装给人的感觉多种多样，有甜美可爱的、摩登时尚的、简洁气质的，也有个性突出、冷峻严肃的。它与民族风格相对立，是一种更广泛的、适应都市生活的服装风格（图1-28）。

图1-28　都市风格服装

图1-29　运动风格服装，品牌Y-3

（七）运动风格

经历快节奏、紧张的都市生活后，人们热衷于休闲和运动以缓解精神压力，保持健康有型的身材是都市人所追求的，因此运动风格的服装备受青睐，既舒适得体又尽显青春活力。运动风格服装一般从运动装、工装、军服等获得灵感启示，是带有运动感的服装形象，与高贵雅致风格形成对比（图1-29）。

（八）中性风格

中性风格与浪漫柔美的女性风格相对应，款式采用男性服装元素，模糊服装穿着者的性别界限。中性风格完全颠覆了传统观念中男性稳健、硬朗、粗犷的阳刚之美，以及女性高雅、温柔、轻灵的阴柔之美，它是将阴柔和阳刚两者进行平衡，创造出一种独特崭新的风格。中性风格既有异性特质，也保留有自身性别个性（图1-30）。

图1-30　中性风格服装

服装作品，品牌 Givenchy

第二章
开发创造性思维

2

　　创造性思维是一种具有开创意义的思维活动，是开拓设计师创造新领域、新成果的思维活动，因此创造性思维是服装设计师进行创意设计时需具备的。如何开发创造性思维呢？设计师除了要具备敏锐的时尚触觉，还要具备联想思维、逆向思维、形象思维和抽象思维。

一、联想思维

　　联想思维，简称联想，是人们经常用到的思维方法，是一种由事物的表象、语言、动作或特征联想到另一种事物的表象、语言、动作或特征的思维活动。通俗地讲，联想一般是由某人或某事引起的相关思考，"由此及彼""由表及里""举一反三"等就是联想思维的体现。时间或空间上的接近都可能引起不同事物之间的联想。例如，当你遇到大学老师时，就可能联想到他过去讲课的情景，这是由外形、性质、意义上的相似而引起的联想；还有从事物间完全对立或存在某种差异而引起的联想，其突出的特征就是悖逆性、挑战性、批判性。

　　联想思维离不开联想这个心理过程，以传递的形式进行，例如，先提出一个概念如"速度"，下一个人根据"速度"这个概念，头脑中会闪现出呼啸而过的"飞机"；再下一个人说奔驰的列车、自由下落的重物等，随之还会产生"战争""爆炸""闪光""粉碎"等一系列联想。再如，由叶的形状产生的联想，有手、花、小鸟和山脉等；由叶的质感产生的联想，有轻柔、飘逸、旋转、甜美、润泽和生命等形容词；由花的形象产生的联想，有粉嫩、怒放、层层叠叠、含苞欲放、春天的气息、簇拥、盛开、春天、可爱、华美、奢侈、女人的身体、摇曳、玲珑、弧线等，这些蹦出来的字或词、形象都可以启发我们的联想，获得设计灵感（图2-1）。

　　在设计活动中，联想思维十分重要，它可以大大扩展思维范围，开拓新的思维层次。联想思维能力越强，越能把意义上跨度很大的不同事物联结起来，从而使构思的格局变得海阔天空。

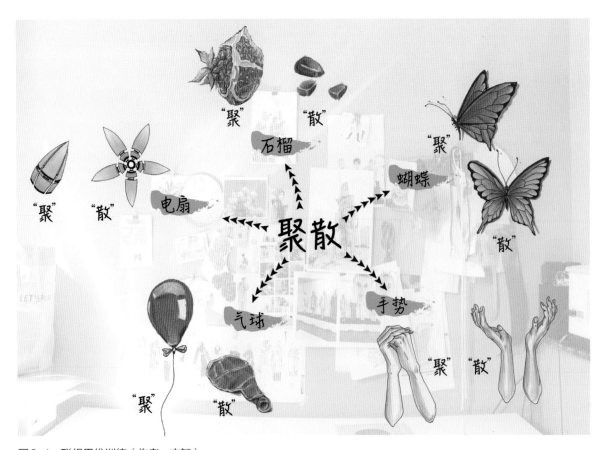

图2-1 联想思维训练（作者：方智）
由一个概念"聚散"联想到多个事物，如"石榴""蝴蝶""手势""气球""电扇"，再由这些事物联想到与概念"聚散"相关的图像。

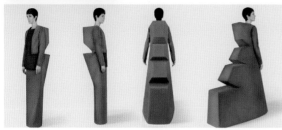

图2-2　联想思维服装，设计师尤里·帕迪（Yuri Pardi）
将建筑外部构造联想运用到服装创意设计中。

联想的思维方式包括了相似联想、相关联想、对比联想和因果联想（图2-2～图2-5）。

相似联想：指由一个事物外部构造、形状或某种状态与另一种事物的类同、近似而引发的想象延伸和连接。

相关联想：指联想物和触发物之间存在一种或多种相同而又具有极为明显属性的联想，如看见鸟想到飞机。

对比联想：指联想物和触发物之间具有相反性质的联想，如看到白色想到黑色。

因果联想：指源于人们对事物发展变化结果的经验性判断和想象，触发物和联想物之间存在一定的因果关系，如看到蚕蛹就想到飞蛾，看到鸡蛋就想到小鸡。

图2-3　联想思维服装，设计师三宅一生（Issey Miyake）
服装创意设计作品，服装面料肌理似木质纹理造型。

图2-4　联想思维服装
通过将生活中所观察到的事物进行巧妙的变化提炼，将其中的可塑性元素运用到服装创意设计中。

图2-5　联想思维服装

左图服装作品来自设计师由折纸而引发的联想，设计师将折痕运用到服装创意上，进行了一系列研究实验；右图为品牌Prada服装作品，由皱褶的油纸而引发面料质感的联想，面料所呈现的肌理感即美好又让人欢愉沉醉。

二、逆向思维

　　许多人在生活中积累了丰富的经验，形成了固定的思维模式。这是一件好事，但同时又会成为设计师创作时的阻碍，它会限制和影响设计师的宏观创作思维。因此，逆向思维显得尤为重要。逆向思维也称求异思维，是一种反常规、突破传统习惯和固定模式、消除雷同的思维方式。服装设计中的逆向思维即是将设计师的思维从习惯和传统模式中解脱出来，通过对原有设计方式的否定，把设计完全引向逆反方向。

图2-6　逆向思维服装

从已知事物的相反方向进行思考，压褶是由折纸的效果演变而来，而压褶的方法又能给折纸带来无穷的变化。

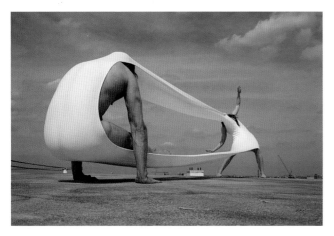

图2-7　逆向思维服装，设计师侯赛因·卡拉扬

思维向对立面的方向发展，从反向进行服装设计的探索。

　　设计中常用的逆向思维方法，包括反转型逆向思维法、转换型逆向思维法及缺点逆向思维法。

　　反转型逆向思维法：指从已知事物的相反方向进行思考，产生发明构思的途径。"事物的相反方向"常常指从事物的功能、结构、因果关系三个方面作反向思维。例如，市场上出售的无烟煎鱼锅就是把原有煎鱼锅的热源由锅的下面安装到锅的上面。这是利用逆向思维，对结构进行反转型思考的产物。

　　转换型逆向思维法：指在研究问题时，由于解决这一问题的手段受阻，从而转换为另一种手段或转换思考角度，以使问题顺利解决的思维方法。例如，历史上被传为佳话的司马光砸缸救落水儿童的故事，实质上就是一个采用转换型逆向思维法的例子。由于司马光不能通过爬进缸中救人的手段解决问题，因而他转换为采用另一手段——破缸救人，从而顺利地解决了问题。

　　缺点逆向思维法：指一种利用事物的缺点，将缺点变为可利用的东西，化被动为主动、化不利为有利的思维方法。这种方法并不以克服事物的缺点为目的，相反，它是将缺点化弊为利，找到解决方法。例如，金属腐蚀是一种坏事，但人们利用金属腐蚀原理进行金属粉末的生产或进行电镀等其他用途，这无疑是缺点逆向思维法的一种应用。

　　服装设计师在进行创意设计时，要大胆突破经验和法则的束缚，通过多种逆向思维，让作品更加创新、与众不同（图2-6、图2-7）。

三、形象思维

　　形象思维，指在对客观形象进行感受、储存的基础上，结合主观的认识、情感进行识别（包括审美判断和科学判断等），并用一定的形式、手段、工具（包括文学语言、绘画表现、节奏韵律等）创造和描述形象的一种基本的思维形式。例如，作家塑造一个典型的文学人物形象，画家创作一幅绘画，设计师设计一件服装，都要先在脑海中构思出某个画面，这种构思的过程是以人或物的形象为素材，所以称为形象思维（图2-8~图2-10）。

　　从服装创意设计的角度分析，所谓形象思维，就是设计师在创作过程中，对作品始终伴随着形象、情感以及联想和想象，通过服装的个别特征去把握整体造型，从而创作出独特的形象。服装中的形象思维是通过"象"来构成思维流程的，就是所谓的神形兼备。同时，服装设计师的形象思维能力高低，往往取决于一个人的审美水平。

图2-8　形象思维服装
直接把事物的形象作为素材，将建筑物上的浮雕、英文单词、图像等作为设计元素，运用到服装创意设计中。

图2-9　形象思维服装
直接提取现代家居设计中的色彩、材质、造型等元素，运用到服装创意设计中。

图2-10 形象思维服装

从上至下依次为品牌Viktor & Rolf、Valentino、设计师肖恩·普皮亚(Shone Puipia)服装作品。设计师直接将油画元素、蝴蝶结元素、花卉元素运用到服装创意设计中。

四、抽象思维

抽象思维是用词进行判断、推理并得出结论的过程，又称为词的思维或者逻辑思维。抽象思维以词为中介来反映现实，这是思维的最本质特征，也是人的思维和动物心理的根本区别。

抽象思维属于理性认识阶段。凭借科学的抽象概念对事物的本质和客观世界的发展过程进行反映，使人们通过认识活动获得远远超出靠感觉器官直接感知的知识。科学的抽象是在概念中反映自然界或社会物质过程内在本质的思想，它是在对事物的本质属性进行分析、综合、比较的基础上，抽取出事物的本质属性，撇开其非本质属性，使认识从感性的具体进入抽象的规定，形成概念。空洞的、臆造的、不可捉摸的抽象是不科学的抽象。科学的、合乎逻辑的抽象思维是在社会实践的基础上形成的。抽象思维作为一种重要的思维类型，具有概括性、间接性、超然性的特点，是在分析事物时抽取事物最本质的特性而形成概念，并运用概念进行推理、判断的思维活动。它深刻地反映着外部世界，使人能在认识客观规律的基础上科学地预见事物和现象的发展趋势，预言"生动的直观"没有直接提供出来的、但存在于意识之外的自然现象及其特征。它对科学研究具有重要意义。

服装创意设计中，抽象思维与形象思维不同，它不是以人们感觉到或想象到的事物为起点，而是以概念为起点，进而再由抽象概念上升到具体概念。通过这种方式，服装中丰富多样、生动具体的造型才能得到再现。设计师在进行创意服装设计时，应穿透到事物的背后，暂时撇开具体的、繁杂的、零散的事物表象，在感觉所看不到的地方去抽取事物的本质和共性，形成抽象概念，使服装的造型抽象化（图2-11～图2-13）。

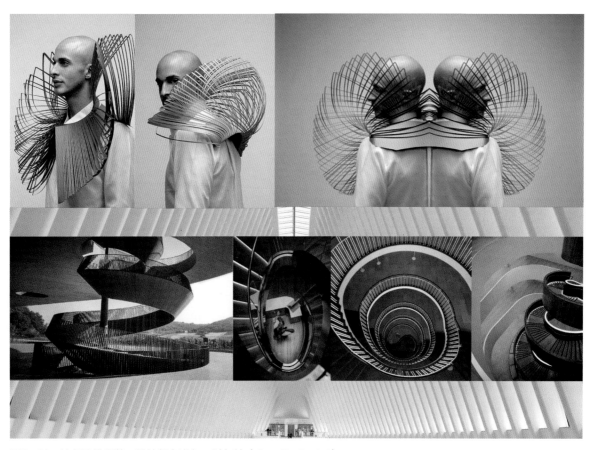

图2-11　抽象思维服装，设计师卡米尔·科尔特（Camille Cortet）

图2-12　抽象思维服装
将茶文化中的茶意、茶语、茶艺等抽象元素，通过个人的体悟以及思考，运用到服装创
意设计中。

图2-13　抽象思维服装
将对建筑、艺术、音乐的感官体验等抽象元素，上升到具体的形象，运用到服装创意设计中。

服装作品，品牌 Marni

第三章
灵感来源

创作来源于灵感，灵感来源于生活，日常生活中充满了无数大小事件，总有一些事件会带来创作灵感，让你的思维绽放火花。本章学习如何获得灵感来源，我们可以收集并整理出多种灵感元素，并对其进行深入设计。通过学习了解灵感来源的渠道，以及学习如何寻找和收集灵感，为接下来的设计提供思路。

一、灵感来源的渠道

（一）来源于自然

　　自然的魅力是无穷的，自然界的所有事物都是设计的灵感来源。自然界中的动物、植物，包括一系列的自然现象都可以被我们利用起来，例如外观、结构、色彩、图案、纹样等。我们通过观察和归纳，运用象征、比喻、写实、抽象、模拟等方法对收集的灵感进行设计。但是自然界给我们的启迪，并不是让我们一味地照搬、模仿，而是通过设计师的自身感受，对自然界事物进行再设计。由于每个人的生活经历、审美取向、艺术修养不同，所以得到的结果也是千姿百态的。当我们选择好灵感来源对象后，我们要按照以下步骤归纳灵感对象本身的特征：首先提取参考对象的创意点；其次解构重组参考对象；最后运用到自己的设计中（图3-1）。

图3-1　灵感来源于自然
以自然界的动物、植物为灵感进行服装创意设计。

　　大自然的事物形象具有天然的形态美、色彩美、肌理美等，给予人类多姿多彩、绚丽缤纷的景观。大自然除了赋予我们各种生存所必需的物质，如阳光、雨露、空气、水以及各种食物等，还赋予我们无穷无尽的精神享受。正是大自然的美引发了各类艺术家的创作灵感，人类才有了那么多的艺术珍品，文学家优美的辞藻、画家多姿多彩的图画、雕塑家具有神韵的造型艺术、音乐家扣人心弦的乐曲等。大自然是设计创作的永恒主题，没有它的美，就没有艺术家创作的灵感。如图3-2所示，设计师将自然景色运用到面料印染上，通过艺术的手法将其与服装设计相结合，表达出设计师的设计理念，突出了设计主题。

图3-2　灵感来源于自然
将自然景观作为印花图案运用到服装创意设计中。

（二）来源于传统文化

设计师应当从丰富的民族文化中寻找灵感，在前人累积的文化遗产和审美趣味中提取精髓，使之转变为符合现代人审美的创作元素。丰富的传统文化给予设计师诸多灵感启迪，生活习俗、宗教信仰、审美取向、服装造型、文化符号以及传统工艺品的图案纹样等都能为设计师带来丰富的灵感来源（图3-3）。

图3-3　灵感来源于传统文化
以欧洲传统文化中马戏团小丑、塔罗牌、扑克、插画为灵感。

（三）来源于流行文化

　　流行文化代表了社会文化的新思潮，是社会运动新动向的表现。可以具体到一个新的名词、新的产品、新的建筑，以及新的生活方式，这些元素在一定程度上传递着新潮、流行的信息，能为设计师提供多元的想象力（图3-4）。

图3-4　灵感来源于流行文化
流行文化常会在一定程度上传递一种新的、流行的信息，将流行文化中的街头艺术"涂鸦"运用到服装创意设计中，契合了人们的审美需求。

图3-5　灵感来源于艺术
将游牧民族岩画中的元素运用到服装创意设计中。

（四）来源于艺术

音乐、舞蹈、绘画、电影等众多艺术门类都有相通之处，它们也会给设计带来许多新的理念和表现形式。将这些元素运用到服装创意设计中，就是我们常说的"跨界"。各类艺术形式带给我们多元的感官视觉体验，能够让想象力得到充分发挥。在进行服装创意设计时，把对艺术的感悟带入作品中，能够碰撞出更多设计的火花（图3-5～图3-7）。

图3-6　灵感来源于艺术
将好莱坞20世纪20年代的服装风格运用到服装创意设计中。

图3-7　灵感来源于艺术

（五）来源于科技

　　现代科学技术的发展带来创作材料以及创作技法上的革新，使设计师在创意设计上有了更多的可实施性。设计师可以挖掘新材料、新工艺、新技术，作为灵感运用于服装创意设计，产生更多样的效果。新科技带来的新理念，不仅开阔了设计师的思路，也给服装设计师带来更为广阔的设计空间和全新的设计概念（图3-8～图3-10）。

图3-8　灵感来源于科技，品牌 Maison Margiela

图3-9　灵感来源于科技，设计师诺亚·拉维夫（Noa Raviv）

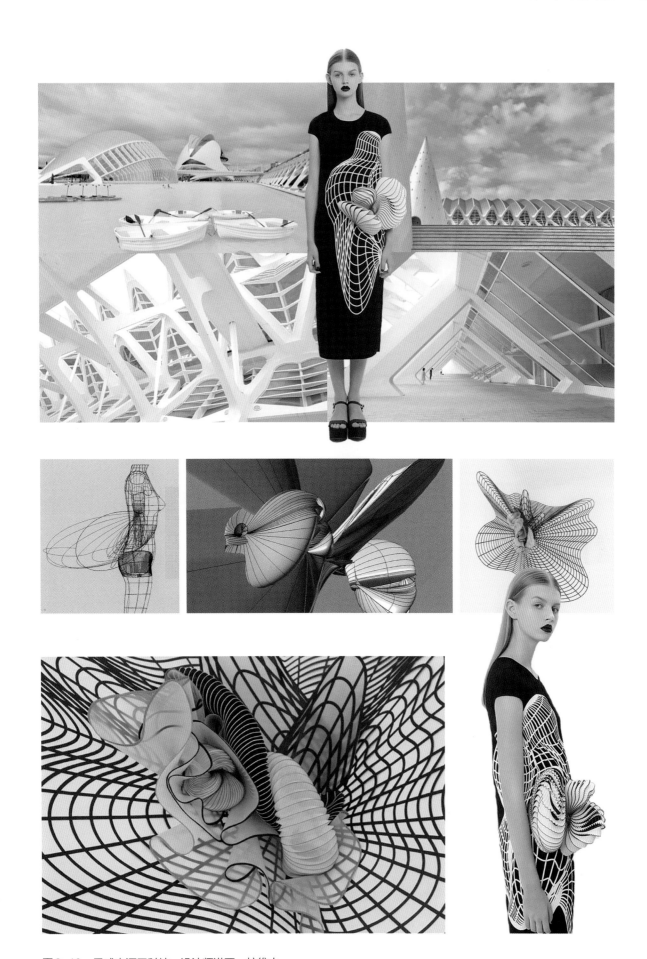

图3-10 灵感来源于科技，设计师诺亚·拉维夫

二、灵感来源的整理

（一）采集灵感

在采集灵感时，设计师可以通过感官体验中的视觉、味觉、触觉、听觉来刺激自己产生不同的感受，并将这些瞬间的感觉记录下来作为灵感。视觉感官体验是最为常见的一种，通过对生活和自然的观察获得很多有意思的感觉。味觉感官体验是通过刺激味蕾，使人的神经产生酸甜苦辣等感受。触觉感官体验可以离开教室，将自己置身于空气清新的草地上或者操场上，换一个环境去感受周围物质。体验时可以在草地上一字排开并布置具有不同质感的物品，如水、沙子、棉花、小石子、干树叶，以及你能够想到的刺激感官的任何物品。游戏者蒙着眼睛光着脚从上面走过去，用脚去感受地上物品不同的质感带来的刺激。由于眼睛看不到，我们只能通过触觉去感受，改变固有习惯后，我们的其他感官都会比平时更加敏感，收集到的信息也就更加丰富。之后可以将这种不同于以往的感觉描绘出来，可以用文字，也可以用图形。另外，还有听觉感官体验，如感觉音乐。实验是在教室的四个角落播放不同的音乐，让每个同学蒙着眼睛在教室中走动，体验音乐给每位个体人行为的不同指引，认识自己与别人在不相同的音乐和节奏下的感觉，并交流分析，一定会很有意思（图3-11）。

图3-11　通过游戏、绘图等方式寻找灵感

（二）呈现灵感

设计师在呈现灵感时，可以选择视觉效应的方法，使灵感更加生动形象地展现出来。视觉效应指向受众直接、生动、形象地提供生活图画，从而使受众产生审美想象的效果，"错视"就是其中一种特殊情况。所谓错视，一般来说指我们知觉判断的视觉经验，同所观察物实际特征之间存在着矛盾。当观察者发觉自己主观上的把握和观察之间不均衡时，就产生了错觉作用的混乱。简单讲，错视是由于视觉误差，使我们看到的和实际存在的不一样。例如，明亮的物体看上去比它实际的大，而黑暗的物体看上去比它实际的要小，具有扩张或收缩的视觉效果。

通过错视呈现设计灵感，能有效地在设计中起到扬长避短的作用，例如，使人看上去变得修长或者强壮的错视设计。同时错视图案能产生丰富的视觉效应，使灵感元素生动化，可以作为服装面料的图案印花设计，既美观又有现代感（图3-12）。

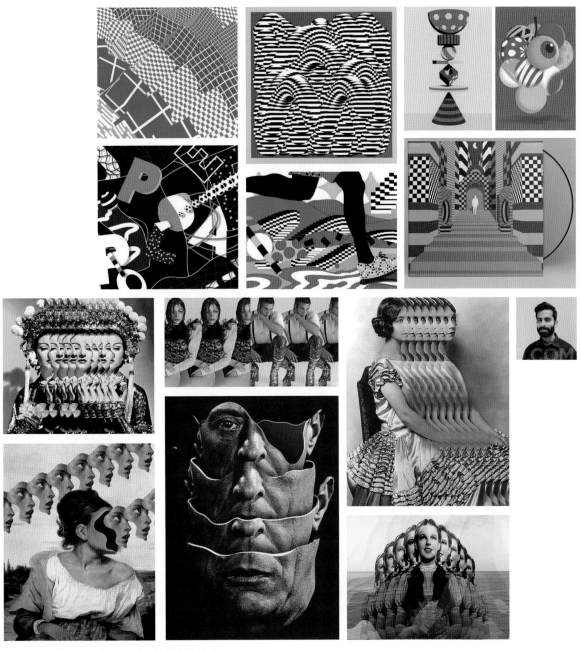

图3-12　将错视图案运用到服装创意设计中

　　错视可以通过以下几种方式进行：第一种情况是某一图形周期性排列可以产生振动、歪斜、闪烁及活动似的错觉。如波纹、格子、圆点等（图3-13）；第二种情况是波状的波纹，向内或向外旋转，可以起到引人注目的视觉效果（图3-14）；第三种情况是立体造型在光线照射不同时所产生的错视，使原来看上去凸状的东西，变为凹状了（图3-15）；第四种情况是断续方式，切断某一图形则会在新的图形上引起空间上的变化，产生多个空间（图3-16）；第五种情况是图形透视放大或缩小，两度空间中会产生三度空间的时而凸起、时而凹陷（图3-17）。

　　将这五种错视图形的设计，运用于服装创意设计中，可以产生丰富的视觉效果（图3-18～图3-20）。

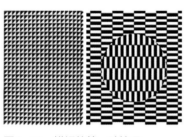

图3-13　错视的第一种情况

图3-14　错视的第二种情况

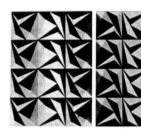

图3-15　错视的第三种情况

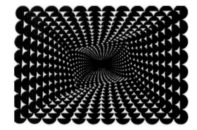

图3-16　错视的第四种情况

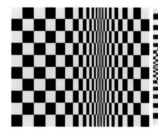

图3-17　错视的第五种情况

图3-18　错视在服装中的运用，品牌 Gareth Pugh
设计师将线条错视图形运用于服装内部结构，使整套服装像艺术品一般呈现出特殊的视觉效应。

图3-19 错视在服装中的运用，设计师卡兰·辛格（Karan Singh）

来自澳大利亚的艺术家、插画家卡兰·辛格，创作大胆又充满活力，通过错视图案来表现深度和维度。其作品体现了对线条几何的熟练运用和极强的色彩感，总能一下抓住人们的眼球。

图3-20 错视在服装中的运用，设计师马蒂厄·布雷尔（Matthieu Bourel）

德、法拼贴艺术家马蒂厄·布雷尔辗转于反叛和慵懒怪诞的设计间，使人坠入一个时而熟悉、时而陌生的错乱艺术世界。

服装作品，品牌 Alexander McQueen

第四章
设计方法

本章着重介绍服装创意设计的方法。设计方法多种多样，概括来讲，包含形式创意、色彩创意、材料创意、图像创意。设计师在设计创意服装时，要使设计得到充分展现并传递时尚感，掌握这四种设计方法是必不可少的。在实际的设计运用中，四者也是相互关联、相互影响的。

图4-1　服装廓型
左图为品牌Jacquemus "O型"服装，右图为芬兰设计师萨图·马拉宁（Satu Maaranen）的 "A型"服装。

一、形式创意

在服装创意设计中，设计师会遵循一定的形式美法则，这是人们根据日常生活经验总结出来的美的原则，它包括 "对称与平衡" "对比与调和" "变化与统一" "节奏与韵律" "比例与分割" 这五项基本法则。因此，围绕服装进行创意设计时，其前提是服装应具备一定的形式美，而服装的形式美可以通过廓型来表现。

廓型是体现创意服装形式美的重要元素。传统的服装廓型有A型、H型、O型、T型、X型、Y型等（图4-1），其设计丰富多样，可以表现多种形式，如几何造型形式、自由波形形式、对称与非对称形式、夸张比例形式、多种组合形式等。

（一）几何造型形式

几何造型是由点、线、面、体基本图形元素构成的，是具有规范外形特征的造型。运用几何造型设计服装，会在视觉上使服装看起来更加硬朗有型，是廓型设计中常用的形式创意方法之一。

自品牌Dior创建几何服装廓型造型以来，以几何造型为服装廓型的示例很多。时下的创意服装设计师也是将几何造型元素更加夸张地运用到廓型设计中（图4-2）。设计时，我们可以从多角度思维来理解几何造型形式对服装设计带来的视觉效果。例如，裙的造型，通常下摆是散开的呈三角形状，如果把下摆收拢，裙体就变成了圆形；反向思维，光滑的圆形的对立是尖锐的矩形，那么也可以把裙体设计成矩形；如果将三角形倒过来，其廓型又会有新的形式出现。

图4-2　几何折纸造型形式服装，设计师桑德拉·巴克伦德(Sandra Backlund)

（二）自由波形形式

自由波形与几何造型相反，它是由曲线构成的，没有规则的外轮廓，视觉上更加流畅柔和。

服装中的自由波形形式多以大自然中的山川、河脉、植物、花卉的肌理为元素表现（图4-3）。通过面料堆积、皱褶等处理形成层次丰富的、流畅的条状肌理，构成多变的自由波形造型。创意服装中，自由波形形式的设计具有偶然因素，有自由、生动、不规则、浪漫等特点。

如图4-4所示，这是品牌Dior服装作品，毛边塔夫绸、硬纱、乌干纱不停地堆积、层叠、卷曲、环绕，构成各种花苞的自由形态，像波浪般翻滚，浪漫十足。

图4-3　自由波形形式服装

图4-4　自由波形形式服装，品牌Dior

（三）对称与非对称形式

对称与非对称形式也是形式创意中的一个重要切入点，几乎所有服装的廓型都可以归类于这两方面。对称形式的服装从视觉和心理上给人以均衡、和谐之感，而非对称形式的服装则打破传统，具有节奏、生动的感觉。

1.对称形式

传统服装多以符合人体结构、穿着舒适为目的设计，因此，在服装廓型的设计中大多以对称形式出现。对称带给人的视觉形象是平衡、稳定、可信赖的。创意服装设计中，运用大小、色彩、面积、位置等表现方法可以营造视觉上的对称。

对称又包括完全对称和不完全对称，完全对称形式给人以严密的秩序感，显得庄重、严谨、规范、一丝不苟；不完全对称形式，是在对称形式设计中加入些许不对称元素，如色彩的变化、面积的对比、破坏一点次序等，使整款服装从整体看是有对称设计的严谨、庄重的视觉效果，从细节看又有些许变化，不过分呆板（图4-5）。

图4-5 对称形式服装，品牌Awake
服装从腰部装饰品、袖子板型、口袋设计等细节处体现完全对称与不完全对称的形式美。

2.非对称形式

非对称是相对于对称的一种形式，指物体相对于某一点或直线在内容、大小、形状和排列上会表现出差异性。对称形式设计较严谨，非对称形式则有节奏的运动感，给人以生动丰富、灵活多变的视觉形象，同时，也能增加服装中的层次感。非对称设计打破了人们的视觉习惯，但却在视觉上引导观者获得心理上的平衡。

在创意服装设计中，非对称形式设计会呈现一边多一边少的局面，我们的视线往往会移向重的一边产生视觉倾斜，这种倾斜将注意力转移到服装特异的一面，强调设计的个性美（图4-6、图4-7)。

图4-6　非对称形式服装，品牌Off-White
设计师将传统西服套装做了不对称设计，上衣一侧加入了裙摆设计中的波浪元素，使服装看起来不那么生硬。

图4-7　非对称形式服装，品牌 Vivienne Westwood
其设计风格一直偏向于朋克风，惯用不对称设计展现自由、狂放、浪漫的风格。

（四）夸张比例形式

比例是构成形式美的另一个因素。比例中被认为最美的是"黄金比例"，是指将整体一分为二，较大部分与整体部分的比值等于较小部分与较大部分的比值，其比值约为0.618。这个比例被公认为是最能引起美感的比例，因此被称为"黄金比例"。自然界中很多神奇美妙的生物也具有黄金比例，启发了众多建筑师和服装设计师（图4-8）。

创意服装中，常以夸张比例的服装廓型表达设计的主题思想，这虽然有时令人匪夷所思却具有很强的视觉吸引力，产生强烈的形式美感。采用夸张服装廓型，或夸张服装的某一局部，或夸张配饰等设计手法，可以创造出新的形式和表达特定的主题思想。以设计师川久保玲（Rei Kawakubo）为代表，服装造型多采用夸张比例的形式，在肩部、腹部、腰部或臀部隆起一个大包，打破了常规，也给裁剪带来无限可能，这些设计向来都与流行或陈词滥调无关（图4-9）。

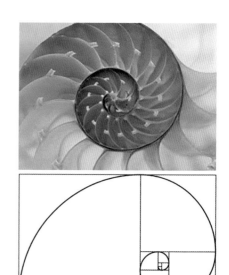

图4-8　鹦鹉螺的骨骼剖面与黄金比例

品牌 Rick Owens

品牌 Comme des Garcons

品牌 Viktor & Rolf

图4-9　夸张比例形式服装

（五）多种组合形式

多种组合形式，指将多种不同的创意形式结合使用，产生新的复合体。既有几何形态，也有波形，还有对称与不对称的碰撞，相互对比、相互补充产生美感，在矛盾中寻求统一，对比中找到关联。

如图4-10所示，摄影师提姆·沃克（Tim Walker）为W杂志十一月刊拍摄的主题大片，主题为小丑系列，服装造型富有创意，设计师将废弃纸壳重新利用，涂上颜料制作成皇冠、各类道具，还有一圈环绕一圈的蛋糕裙，这种复合形式，既有几何的力量感，也有曲线的自由灵动，同时整体造型上有对称与不对称的结合，赋予小丑生动的戏剧形象。

图4-10 多种组合形式创意设计，摄影师提姆·沃克

二、色彩创意

色彩充满魔力，像血液一样贯穿在设计领域，一切涉及色彩的艺术和设计都需要用到色彩的相关基础知识，包括绘画、公共艺术、影视动画设计、环境设计、视觉传达设计、服装设计等。在服装创意设计中，色彩既能赋予服装热情奔放，也能使一件服装变得沉稳含蓄。设计师善于利用色彩给人传递的视觉心理，将色彩元素恰到好处地运用于服装创意中，突出视觉效果（图4-11）。

掌握色彩的基础知识，结合服装领域，将色彩创意运用其中，对设计师进行服装创意设计是十分有利的。科学家曾实践证实了不同色彩对人体能发挥不同的刺激作用，在彩色灯光下肌肉的弹力能够加大，血液循环能够加快，其增加的速度，以蓝色为最小，并依次按照绿色、黄色、橘黄色、红色的排列顺序逐渐增大。色彩在人的视觉美感上、心理上、生理上都产生作用，成为服装设计中不可忽略的因素。

（一）色彩基础

色彩丰富多样，其种类可划分为无彩色系和有彩色系。无彩色系包括黑、白、灰以及黑白灰中不同程度的渐变色；有彩色系包括在光谱中我们肉眼可感知的色彩，如红、橙、黄、绿、青、蓝、紫等。此外，有彩色系具有三大属性，即色相、明度、纯度，也可称之为色彩的三要素。了解色彩构成的基础知识有助于我们掌握和运用色彩在创意服装中的设计与表现。

1.色彩三要素

色彩的三要素包含色相、明度、纯度。

色相，即是各种色彩相貌的称谓，是区别色彩种类的名称（图4-12）；明度，即是色彩的明亮程度，也指一种色相在强弱不同的光线照耀下所呈现出的不同明度；纯度，即是色彩的纯净程度，也称为彩度、饱和度。如果将上述各色与黑、白、灰或补色相混，其纯度会逐渐降低，直到鲜艳的色彩逐渐消失，由高纯度变为低纯度。

图4-11　色彩创意服装，品牌Dior

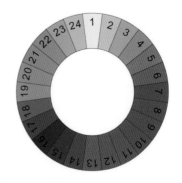

图4-12　色相环
基本色相是黄、橙、红、紫、群青、土耳其蓝、海绿、黄绿共8个，每个色相再细分为3个，以此构成24个色相。

2.色调

色调是指两个以上的色彩，有秩序、协调统一地组织在一起。色调细分起来种类繁多，大致可以分为暖色调、冷色调、对比色调、中性色调、黑白调、高调、中调、低调等。服装色彩的整体性和成败离不开色调搭配。

粉嫩的色调给人清新恬淡之感；棕、灰、土黄、米色调在略显幽暗的光线中是秋季的成熟风韵；棕黄、老绿、米灰色，如同置身于深秋的树林；粉红、明黄、嫩绿等鲜亮的色彩，可以增添生机活力，富有动感魅力；金色的组合，贵气十足；银色高调是未来风格；而维多利亚风格具有浓艳色调；现代主义风格是白色调、米色调；也有不按常理出牌的搭配色调，属于另类的、个性的后现代主义风格。不同色调的服装传递出不同的时尚风格，带给人无尽的感观体验。

设计时，需要根据设计主题、设计风格有目的地设计色彩的主色调。同时，色调设计要有主次之分，如果是暖调的服装系列，大部分色相都应该倾向于暖色，冷色只作为活跃色彩的点缀，并且不能忽略明度、纯度的对比（图4-13）。

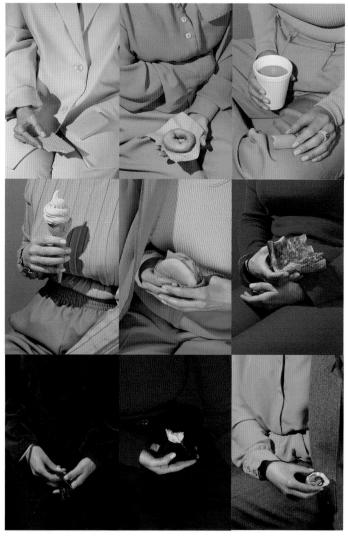

图4-13 不同色调的服装搭配

（二）不同文化中的色彩创意

　　文化是具有人文意味的概念，包含人类的衣、食、住、行，这也意味着不同地域有着不同的文化。由于气候、环境、信仰、生活方式的不同，导致了文化的差异。文化是多元的，有传统文化、流行文化、民族文化等区分。我们常见的文化有典型的美国波普文化、伊斯兰宗教文化、原始的非洲文化、波西米亚文化、中国各民族文化以及日本亚文化等。说到中国文化，脑海中会浮现国粹京剧、色彩斑斓的瓷器、刺绣精美的古代宫廷服饰等。设计时，了解各种丰富多彩的文化有助于打开思维，丰富我们对色彩的想象力（图4-14、图4-15）。

图4-14　非洲的绚烂色彩文化，摄影师马尔科姆·柯克（Malcolm Kirk）

非洲部落时尚：国家地理摄影师马尔科姆·柯克在1967年第一次在巴布亚新几内亚的6个岛屿探访原始部落，记录下这些珍贵的部落时尚资料，他们用色鲜艳大胆，在身体以及配饰上做各种装饰，创意服装的配色完全可以参照这些非洲文化元素进行设计。

图4-15　中国文化中京剧、瓷器的色彩元素融入服装创意

（三）色彩创意搭配

设计创意服装时，将不同色相的色彩有创意地搭配在一起是一种有效的设计方法，可以利用不同的对比将色彩重新组合搭配，在相互作用下产生互补或对比的美感。大胆自信地使用色彩，是创意设计所追求的。同时，色彩搭配与服装主题、风格、材质有关联，应该根据不同主题和风格选择相应的色彩搭配，相同颜色由于质感不同会产生不同的色彩效果。在设计中，需要有自己独特的色彩感受，搭配出有特点、有个性的色彩组合（图4-16）。

根据色相环上色彩所在的角度不同，我们可以把色彩搭配分为同类色搭配、邻近色搭配、对比色搭配、色彩点缀、中性色调和搭配、多色调和搭配。

图4-16　色彩创意搭配服装，时尚达人艾里斯·阿普菲尔（Iris Apfel）
艾里斯老太太热衷于服饰品收藏，有着敏锐的时尚触觉，她的着装风格前卫且独具个性，能将多种服饰元素、色彩融合搭配在一起，纪录片《时尚女王Iris的华丽传奇》记录了艾里斯老太太超凡的色彩搭配品味，展示了她收藏的服装、配饰以及家居装饰品，色彩丰富。

1.同类色搭配

同类色搭配，指同类色相对比，在色相环中，45°角内相邻接的色统称为同类色。同类色搭配是一种很容易获得成功的搭配方式，能产生整体协调统一感，但搭配不好也会显得沉闷或单调，所以在设计时，或调整明度、纯度，或在材质、面料上有一定区别，使其既整体又有细节变化（图4-17）。

2.邻近色搭配

邻近色搭配，指邻近色相对比，在色相环中，90°角内相邻接的色相统称为邻近色。例如，红与橙、黄与绿、绿与蓝、蓝与紫。相邻的色相搭配也容易获得统一、柔和、自然、协调的感觉，同时具有一定的层次感（图4-18）。

图4-17 同类色搭配服装，品牌Pronounce　　图4-18 邻近色搭配服装，品牌Maison Margiela

3.对比色搭配

对比色搭配，指对比色相对比，在色相环中，180°角内相邻接的色统称为对比色。例如，红与绿、黄与紫、蓝与橙，相互在一起更加衬托出对方的鲜艳，有炫目、强烈、动感的视觉效果。但需要注意，对比色搭配如果在色彩的明度、纯度、面积、位置等方面处理不当，则会显得俗气。

在做对比色搭配时，有几个小技巧：

一是注意面积大小的分配，以一个颜色为主占主要面积，一个颜色为辅占次要面积，两者控制好面积比例；

二是降低纯度，使用不饱和的灰色搭配也能获得协调，如红灰与绿灰、黄灰与紫灰、橙色与蓝灰等，当降低色彩的纯度后，视觉上显得更为柔和，色彩效果也更加优美；

三是降低明度，如有黑色成分的红和有黑色成分的绿，两者在一起有厚重的色彩效果，降低其中一个颜色的明度也能获得协调的效果（图4-19）。

4.色彩点缀

万绿丛中一点红，大片紫色中的一点黄，鲜艳颜色中的一抹灰色，或在灰色调里点缀鲜艳的颜色等，色彩点缀在搭配中可以起到以少胜多，打破单一色彩带来的沉闷感，具有画龙点睛的艺术效果（图4-20）。

图4-19　对比色搭配的创意设计

利用高纯度的红、黄、蓝三色，按一定的面积比例搭配，主色调是红色，其次是蓝色，最后用一点黄色作为点缀，红、黄、蓝三色是强对比，视觉冲击力非常强。

图4-20　色彩点缀服装，品牌 Maison Margiela

整个系列的色彩基调为平静的裸色，设计师大胆地在局部造型中使用亮色作为点缀，打破原有的平静，带来了热烈的激情。荧光粉的泳帽，高纯度的橘红西装，以及大片造型独特的橘红风衣，这些色彩点缀在服装上的面积比例也是控制得恰到好处，同时色彩也更强调突出设计细节。

5.中性色调和搭配

中性色指黑白灰色和金属色，在两个势均力敌或者特别鲜艳的色彩中搭配中性色，可以调和色彩的冲突，减弱过分刺激的色彩效果，得到和谐优美的色彩感。中性色调和搭配会让作品看起来个性、时尚，充满复古感或未来感，不会过分柔情，也不会过分冷艳（图4-21）。

图4-21 中性色调和搭配服装，品牌 John Galliano
整场秀在服装、配饰、化妆上采用银色、金色、灰白等中性色彩调和搭配，模特看起来冷艳诡秘，充斥着浓浓的复古时尚基调。

6.多色调和搭配

多色调和是指两个以上的色彩，有秩序、协调统一地组织在一起，使人心情愉快、欢喜、满足。在视觉上，既不过分刺激，又不过分暧昧的配色才是调和的。配色如谱曲，没有起伏的节奏则平板单调，一味高昂强烈则嘈杂、反常。色彩调和取决于是否明快，同时与色相、明度、纯度和面积有关（图4-22）。

图4-22 多色调和搭配服装，品牌 Issy Miyake

三、材料创意

设计创意服装，除了形式创意、色彩创意，还可以通过材料创意实现我们的目标。材料可以理解为传统纺织与非纺织材料，以及特殊材料。设计成衣时，我们会用到现成纺织面料，而设计创意服装时，除现成材料的运用与搭配外，还可以对面料进行再设计，丰富面料的肌理与功能。

在面料上追求原始工艺的拙朴，探索绘画效果的表现，尝试太空科技时代感，运用构成设计技法等，都可作为面料再设计的方法。例如，近年流行的立体服装面料是受到建筑和雕塑艺术的影响，通过多种工艺技术，使织物表面形成凹凸的肌理效果；也可以在面料上加珠片、刺绣等，增加面料的装饰效果。同时，创意服装也需要特殊的非纺织材料，如羽毛、竹条、石膏等，将服装做成一件具有后现代主义风格的装置艺术品。创意服装设计的材料是一门学问，得体的材料是设计的关键，同时材料的质感和肌理也决定了服装的风格，因此，材料创意是创意服装设计的重点（图4-23）。

材料创意设计主要表现在以下几个方面：一是现成材料的运用与搭配；二是借助于各种手段对材料进行再塑造、重新设计，包括材料的增型设计和材料的减型设计；三是新型材料的创新设计，利用高科技材料，将创意服装带入未来世界。

图4-23　设计师亚历山大·麦昆的服装作品运用多种材料创意

（一）现成材料

现成材料包括现成的机织面料、针织面料、非织造面料和特殊材料等，毛发、金属、PVC、纸制品等也都属于现成材料。其创新组合搭配，几乎无规律可循，可谓千姿百态，或和谐或对比，或丰富或简洁。也可以采用对比思维和反向思维的方式，打破视觉习惯，以另类的、不对称的美进行组合搭配（图4-24、图4-25）。

现成材料的运用与搭配方式可以通过材料的组合形成对比，如丝绸与皮革、金属与皮草、轻盈与厚重、闪光与亚光、柔软与坚硬等对比，辅以各种材质组合，产生意料之外而又情理之中的视觉效果。此外，还有相同材质、不同色彩的搭配，目的是为了突出色彩的魅力。

图4-24 现成材料创意，品牌 Maison Margiela
服装材料使用数码印花纺织面料、尼龙面料，以及现成"毛发"材料，天然的毛发与人造尼龙材料形成对比，其创新更像是对传统的反叛，对服装艺术的变革，是非常典型的后现代主义创意服装。

图4-25 现成材料创意，设计师贝亚·森费尔德（Bea Szenfeld）
服装作品，以现成"白纸"材料裁剪出令人惊艳效果的绝美时装。

（二）材料的再塑造

服装材料创意不仅表现在对现成材料的搭配，还表现在对材料的独特处理，是对现有面料的再塑造、重新设计。其方法分为两大方面：一是材料的增型设计，二是材料的减型设计。

1.材料的增型设计

材料的增型设计，又称为材料的立体型设计，包括纹样重组法、浮雕法、结编法、拼贴法、层叠法、装饰法。现代设计师受到建筑和雕塑艺术的影响，利用皱褶、折叠、填充等多种方法改变面料的表面肌理形态，在平面的布料上制造出如凹凸、隆起效果，加强了面料的立体外观。还可以将平面的面料进行压褶、抽褶、拼接，加入珠片、刺绣、反光条、花边、丝带、铆钉、扣子，织入金银线、毛线、麻线等各种你能想到的方式。这些在面料上添加各种精巧且别出心裁的装饰，使本来平淡无奇的面料变得更加丰富，细节处尽显精致优雅的艺术魅力。

（1）纹样重组法：纹样指花纹图案，分为连续纹样和单独纹样。其题材多种多样，有自然景物、人物、动物、建筑、文字、几何或抽象图形等。服装设计师常将各种现有题材的纹样组合在一起，通过写实、写意、变形、组合等表现手法，设计面料印花图案，用于服装中。服装纹样的创意还可以通过工艺制作表现，手绘（适合小批量设计）、数码喷绘（设计师可以自由发挥去设计自己想要的任何图案）、刺绣（中国四大名绣苏绣、湘绣、粤绣、蜀绣各有千秋，不同种类的刺绣能呈现不同的效果，刺绣图案精致优雅，是服装纹样设计常用的工艺）等。创作纹样的题材应尽可能多样化，且留意生活中的细节，对纹样进行创新设计（图4-26）。

图4-26　服装面料纹样设计，品牌Mary Katrantzou

设计师将彩蛋、瓷器、珐琅和明朝花瓶这些美丽事物的图案通过纹样重组法用印花形式呈现在服装上。

（2）浮雕法：用于面料创新主要是受到建筑和雕塑艺术的影响，工艺上通过褶皱、折叠、填充等多种方法改变面料的表面肌理形态，在平面的布料上制造出凹凸、隆起效果，加强面料的立体外观。常见的绗缝面料就是利用两片布料中夹棉制造出厚度，再在上面绗缝线，形成浮雕效果。

如图4-27所示，这是朱晓非的作品，设计的突出点是利用浮雕法对面料进行再设计，将平面布料制作出凸出、隆起的浅浮雕效果。浮雕效果的制作方法有很多，可以在有夹层的太空棉面料上绗线形成效果，也可以将两块布料之间添加一层棉花或海绵再绗线，还可以使用机器压印定型。绗线前需要设计出想要的图案纹样，尽量用流畅的线条表现纹样图案，最后用缝纫机沿着图案纹样的线条依次绗缝，便能形成这种浮雕效果。

图4-27　服装面料浮雕设计（作者：朱晓非）

（3）结编法：即利用条形的可编织的材料进行设计的方法，这种方法可以将材料编织形成新的肌理用做服装上。编织方法分为机器编织与手工编织，机器织物快速，除制作成品衣物外还可进行坯布生产；手工编织变化多端，有多色嵌花、镂空花、绞花组织、绒圈、集圈组织等表现手法，为设计带来创新。结编所用的原材料除了各类现成的纤维纺线织物以外，各种条状物均可用于编结设计，如布条、条形植物、细铁丝、包装带、电线、毛线、竹条等。编结后再与其他机织材料结合起来使用，更能突出对比，呈现出丰富的材料美感（图4-28、图4-29）。

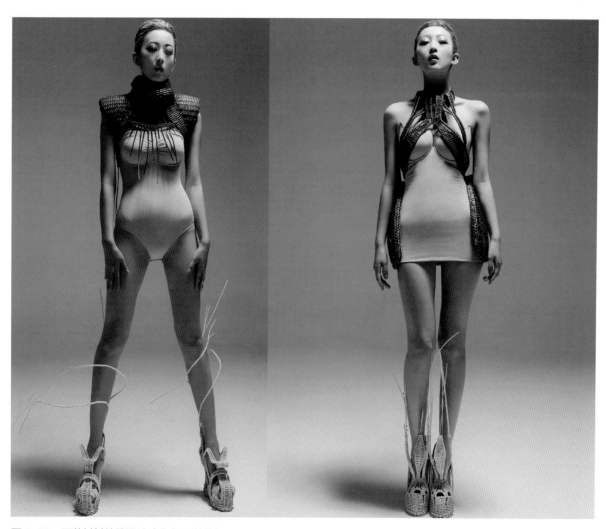

图4-28　服装材料结编设计（作者：谢琳）

利用藤条编织出类似盔甲的服装结构，以及造型独特的鞋配设计。藤编方法是结合细铁丝造型的，先用细铁丝在人台上造型，制作出基本框架结构，再用藤条在此框架上结编。

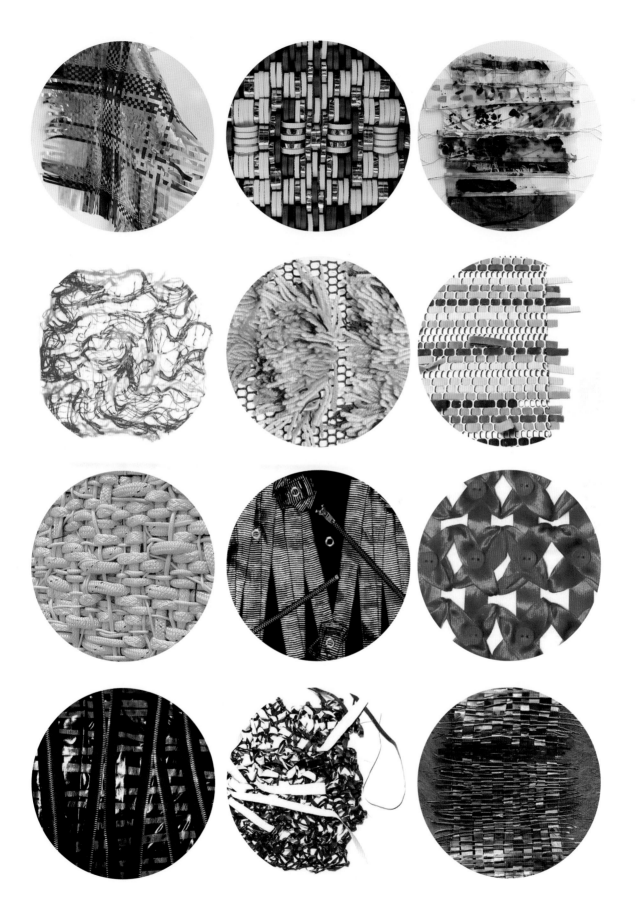

图4-29 服装材料结编面料小样

材料不仅有藤条，还有各种各样的条状物，我们可以通过一系列实践练习，编织出有意思的纹样。

（4）拼贴法：可以是将现成的面料进行结构上的组合拼贴；或是运用对比的手法，将两种或两种以上不同质感的面料进行组合，形成强烈的视觉冲击；或是将不同的材料组合在一种面料上形成堆叠；或是不同肌理感的组合等（图4-30、图4-31）。

图4-30　服装材料拼贴设计，品牌Sacai Sacai
服装利用拼贴组合面料形成新的形式美，不同织法的针织面料拼贴，牛仔与皮毛的拼贴，既有肌理的对比，也有质感的优雅。

图4-31　服装材料拼贴设计，品牌Viktor & Rolf
服装细节大量采用拼贴设计，将轻柔的雪纺面料、挺括的牛仔面料与镶嵌组扣的装饰面料相互拼贴，形成质感对比，营造丰富的肌理效果。

图4-32 宫廷元素的服装材料层叠设计

图4-33 服装材料层叠设计，品牌Thom Browne
设计师在造型和面料设计上均使用了层叠法，左图是整体廓型的层叠，右图是利用薄纱堆积层叠形成面料。

（5）层叠法：方式多样，有款式层叠、面料层叠等方式。将轻薄的面料大量堆积层叠，能形成原有单薄面料的对比，设计时应注意搭配的集中与分散、疏与密的关系。同时，层叠面料能产生变化丰富的颜色、肌理，具有朦胧感，使原本强烈的色彩变得含蓄而柔和，像是蒙上一层薄纱，增加了神秘效果。此外，半透明的薄料与厚料搭配层叠，能体现厚重与飘逸的对比，视觉效果强烈（图4-32~图4-34）。

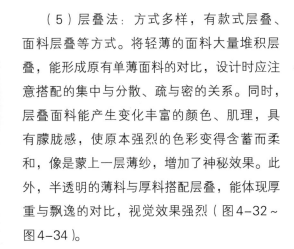

图4-34 服装材料层叠设计，品牌 Viktor & Rolf
服装从左至右依次为西装款式层叠、夸张荷叶边元素层叠、蝴蝶结元素层叠。

（6）装饰法：即通过各种手法对面料进行修饰，其手法包括加入珠片、刺绣、铆钉、扣子，或织入金银线、毛线、反光条、花边、丝带等，让面料变得更加繁复。装饰法制作的布料具有丰富感、华丽感，细节美决定装饰效果的成败（图4-35~图4-37）。

图4-35　设计师殷亦晴（Yiqing Yin）为高定服装手工缝制珠片装饰

图4-36　装饰法，设计师让·保罗·高缇耶（Jean Paul Gaultier）面料加入贝母、黄铜色珠片、丝线、蕾丝等为装饰，宛若一条特立独行的美人鱼。

图4-37　品牌Comme des Garcons服装作品利用废旧布料、玩具等材料堆积装饰

图4-38　用火烧制作出镂空效果

2.材料的减型设计

材料的减型设计，指损坏成品或半成品的面料表面，使其具有不完整、无规律、破烂等特征，包括镂空法、抽纱法。这些方法制作出的面料看起来不完整，具有做旧的复古感，仿佛时光在布料上倒流。

（1）镂空法：指将原有的面料进行镂空处理，镂空形状可以是规则的纹样，也可以是随机的图形。工艺上，使用激光切割机或手工处理都能达到镂空效果。如图4-38所示，这是学生陈晨的服装作品《异形》，其选用的太空棉材料具有一定的厚度和良好的弹性，根据其厚且多层的特性，用高温明火烧灼使其产生一些具有韵律感的肌理，加上同样具有韵律的线，再缝制上不同质感的珠子，增加整体的层次和可欣赏性（图4-39、图4-40）。

（2）抽纱法：最常见的是将牛仔、针织等经纬纺织的布料抽掉部分纱线制造出虚实感，或者剪掉部分面料改变它原来的样子，透出里层面料，增加层次感。随着时代的进步，工艺也越来越先进，抽纱制作出的面料更加精致美观。利用抽纱制作的面料小样，具有残缺美，像自然中植物筋脉的纹理（图4-41、图4-42）。

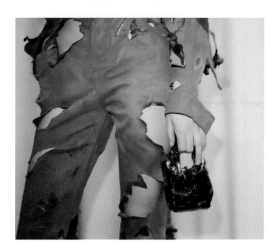

图4-39　用火烧制作出镂空效果

图4-40　用剪刀剪出镂空效果

图4-41　服装材料抽纱设计

图4-42　帕森斯设计学院（Parsons School of Design）的服装作品

图4-43　新型材料，设计师侯赛因·卡拉扬
卡拉扬是使用新型材料的设计鼻祖，他的作品因使
用实验的科技面料而具有强烈的超现实主义风格。
这件连衣裙的材料采用模压玻璃纤维，并且带有遥
控器，裙摆可以展开，似机翼。

（三）新型材料

服装材料是人类文明的重要成果之一，新型材料
的发明、创新推动着人类灿烂服饰文化的发展，在服
装创意设计中是不可忽略的重要部分。

新型材料指可用于服装设计的非纺织材料、工业
材料、化学材料或通过纳米技术应用的科技材料等。
其种类繁多，扩展材料设计思路能帮助探索实验的新
型材料，如硅胶、保温材料、纳米材料的再设计与制
作。人们不遗余力地展示材质诱人的魅力，是对空间
多层次的研究，对多维性视觉形象的创造，对质感和
肌理的探索，对环保和节能的思考。新型材料的发掘
将赋予设计全新的变化和风格，更大限度的发挥材质
视觉美感的潜力。同时，特殊材料的应用还延伸到了
配饰配件的各个方面，同样产生特殊的艺术效果。打
开思维，广泛而有效地运用各种材料为服装艺术的探
索开辟了更广阔的空间（图4-43、图4-44）。

在设计中，除了研发新型材料，还可以对已有材
料进一步创新，主要表现在平面上创新和立体上创新，
尤其以立体材料创新设计为主。立体材料的设计大多
用于廓型的塑造，能增强形式感。值得一提的是时下
流行的3D打印材料，涉及建筑、室内家居、医用器
械、雕塑、服饰等各个领域。这种高科技材料的特点
是能够完美塑造立体廓型，制造体积感，为廓型创意
设计提供更多可能性，且材质柔韧有力度，非常适合
服装创意设计（图4-45、图4-46）。

图4-44　新型材料（作者：罗杰）
由硅胶材料制作的创意服装，贴合人体
曲线，使人与服装完美结合。

图4-45　3D材料，设计师艾里斯·范·荷本（Iris van Herpen）

荷本是当代时尚界少有的一位概念艺术家，对她来说，材料制作过程和成品一样重要。其作品多运用3D打印技术，在形态与视觉构建领域打造出如同神秘生物的肌理质感，让人仿佛看到另一个世界里那些魅丽奇炫的神秘物种。

图4-46　3D材料，品牌United Nude

品牌United Nude运用3D打印技术完成的高跟鞋，设计联合洛斯·拉古路夫（Ross Lovegrove）、扎哈·哈迪德（Zaha Hadid）等设计师与建筑师，创作出惊人的作品，奇妙的建筑感结构就像是可以行动的、先锋的艺术品。

四、图像创意

图像是人类视觉的基础，是自然景物的客观反映。"图"是物体反射或透射光的分布，"像"是人的视觉系统所接受的图在人脑中所形成的印象或认识。图像分类众多，大致可分为具象图像和抽象图像。照片、绘画、剪贴画、地图、书法作品、手写汉字、传真、卫星云图、影视画面、X光片、脑电图、心电图等都可用照片形式记录的，在这里归纳为具象图像；而文字、音乐这些无法用照片形式记录传递情感的图像，我们归纳为抽象图像。

服装设计与图像是不可分割的，我们的灵感及创作元素往往来自于各种各样的图像，将图像进一步创意设计可以让作品更加丰富，练习可以从具象图像创意和抽象图像创意两方面进行。围绕具象图像创意设计作品，可以从绘画图像、建筑图像、自然图像、生活图像等获得元素转换成设计；抽象图像创意的方法可以从文字、音乐等抽象概念中获得自己头脑中的灵感从而转化成作品。

图4-47　服装绘画图像创意设计，品牌Viktor & Rolf
将画框元素整合于大衣、连衣裙和斗篷，设计从服装提升至艺术品。

图4-48　服装建筑图像创意设计，设计师桑德拉·巴克伦德
服装结合建筑图像，将针织服装模仿建筑廓型进行立体化创意设计。

（一）具象图像创意法

1.绘画图像

绘画图像可以从博物馆获得，毕加索（Picasso）、克利姆特（Klimt）、马蒂斯（Matisse）等众多油画大师的作品也许能启发你的设计。设计时，可以采用印花方式将绘画图像直接挪用在面料上，也可以打破常规，将画框及油画当作直接载体拿来运用（图4-47）。

2.建筑图像

建筑设计与服装设计之间一直存在紧密的关系，虽然两者使用的材料、质地相差甚远，但它们都属于造型艺术。建筑艺术可以比喻成对钢筋混泥土的雕塑，而服装艺术则是对面料的塑造，常被比喻为软雕塑。在后现代主义服装设计中，模仿建筑廓型、结构、线条变化，设计夸张的创意服装已成为趋势，设计师们也越来越大胆的利用建筑元素。我们可以从网络、杂志中发现很多具有现代感的建筑图片，或者去欧洲旅行，随时拍摄记录一些中世纪的建筑，这都能很有效地帮助我们收集图形。设计师可利用这些图像资料，模仿建筑外观，做服装廓型夸张化的设计（图4-48）。

3.自然图像

自然界的奇观异景是非常令人神往的，大海、山脉、湖泊、天空、树木、花卉……一切你能想象到的自然景色都能作为元素进行设计，当然也包括动物。如树皮的肌理、大理石的纹理、动物毛皮的花纹等（图4-49）。

图4-49　服装自然图像创意设计，品牌 Mary Katrantzou
服装整体形态似花苞，刺绣、印花图案也完全结合自然图像进行创意设计。

4.生活图像

生活是什么？喧嚣的菜市场、活泼的玩具店、严谨的实验室、被时间洗礼的岁月等都是生活。留意生活的细微之处，我们会发现很多有趣的事物能作为创作素材（图4-50）。

图4-50　服装生活图像创意设计（作者：袁颖）
利用旧时光的生活图像作为设计创新点，印在面料上，从而形成复古潮流。

（二）抽象图像创意法

1.文字图像

以文字游戏获取设计元素可以采用"随意词"或"随意句子"的方法，获得与设计关联的偶然词语和偶然句子，再用想象力将词语或句子转化为服装形象。由于句子是以描述的方式呈现，听者理解后会转换为自己的联想，头脑中就会出现新的形象。这种方式跳出了传统思维模式，此时不需要过多考虑合理性，而是要勇敢地将所有想法表达出来。这种由一个单元词散发出一系列联想到的关联词汇的文字游戏，就像是头脑风暴。

偶然组合的示例："蠢蠢欲动的极光置身于安静温和的星球。"从这句话能想到的关联词有：极光、冰岛、星球、浪漫、浮冰、唯美的色彩等，通过这些词语的描述，头脑中会浮现很多相关图像，并运用于服装创意设计中（图4-51）。

2.音乐图像

音乐传递情感，会在脑海中形成一种感受，这种感受也许会转化成美好的图像，也许会转化成抽象图像，因此音乐图像可以说是抽象的概念。我们可以通过聆听音乐感受自己的情绪，此时情绪和音乐的交融就像电波一样跳跃在脑海中，并将想象的图像用于服装创意设计（图4-52）。

图4-51 文字图像（作者：刘怡君）
作品《漂流的冰》灵感来源于浮冰，服装以绗缝的工艺手法将一块一块的浮冰进行抽象化的表现，采用纯棉白色牛仔面料进行染色，色彩以蓝紫色为主，色调来源于一张蓝色极光的照片。

图4-52 服装音乐图像创意作品，品牌 Mary Katrantzou
服装的印花图案让人感受到一股热情澎湃，像跳动的旋律般在耳间回响。

服装作品，品牌Iris van Herpen

5

第五章
设计程序

　　时尚令我们不懈地对新鲜事物发掘探索，其创作过程是神秘、未知且充满趣味的，本章着重介绍设计的主要程序，包括调研、主题设计、元素转换、实现创作以及案例分析。作为一名优秀的设计师，不仅需要发挥想象力设计美丽华服，还需要了解市场，研究当前流行趋势，掌握工艺，设计出完整的服装系列。清晰地掌握设计整个流程，将使我们的设计工作如鱼得水。

一、调研

当我们着手调研时，是求知欲的体现，驱动着我们不断地探寻新知识。通过有计划的调查研究，既能从过去的事物中获取灵感，又能在获取新鲜事物时，拓展我们的视野并激发新的创作灵感。调研时整理资料，提取研究成果，对获取新的想法是非常必要的。

调研的流程：一是资料采集与整理，二是提取调研内容。

（一）资料采集与整理

资料采集与整理是大撒网式的搜集信息，这些信息包含服装创意设计的类型、风格、灵感、形式、色彩、材料、图像等，你可以根据自己的喜好来搜集整理。我们要关注历史、时事、经济、文化以及艺术、时尚、自然、哲学、环保等，寻找有意义的主题构思，再依据主题构思收集相关资料。

资料包括一手资料和二手资料。一手资料，指用拍照或绘画的方式直接记录下来的各种发现，也就是直接被提取设计元素的事物；二手资料，指别人已经发表并整理的资料，如书籍、网络、杂志等资料。

同时，资料采集可分为两种类型。一种类型是采集自己设计中所涉及的真实素材，素材可以多种多样，涉及各个领域，不要仅仅局限于服装；另一种类型是采集自己头脑中无形的灵感，包括设计主题、情感基调等概念化的素材。

服装创意设计的调研资料可以来自四大时装周：纽约、伦敦、巴黎、米兰时装周。或者其他时装周：柏林时装周、日本时装周、中国香港时装周和中国国际时装周。每年的时装周基本引领了当年及次年的世界服装流行趋势。我们还可以从著名时尚网站（VOGUE.COM）等搜集资讯，或者通过知名时尚博主的网页了解当前的时尚元素。除了四大时装周，我们的调研资料还可以来自实地采风、图书馆、博物馆、画廊、网络、餐厅、浴室、酒吧、音乐、咖啡厅、草地、湖边、山脉等世界的各个角落。总之，调研是一项非常有趣且具有创造性的工作（图5-1~图5-3）。

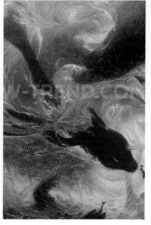

图5-1 中国元素资料采集

图5-2　教堂建筑及壁画资料采集

图5-3　非洲文化资料采集（作者：柴欣）

（二）提取调研内容

提取调研内容，指将我们大范围采集与整理的信息进一步归纳总结，然后在小范围内做流行趋势分析，流行趋势分析涵盖色彩、面料、结构、工艺、样式等多方面。首先，可以从服装设计领域中专门研究分析和发布流行资讯的时尚机构提取趋势分析，如四大时装周以及国际色彩权威机构潘通（Pantone）等。其次，可以通过自己采集整理的资料总结近5年的服装流行趋势，包括近年来创意设计在色彩、面料、结构、工艺、样式等方面的变化。最后，将这几类元素分别做成流行趋势预测报告，以图文形式表达自己对流行和时尚的理解，为下一步主题设计提供方向和思路（图5-4、图5-5）。

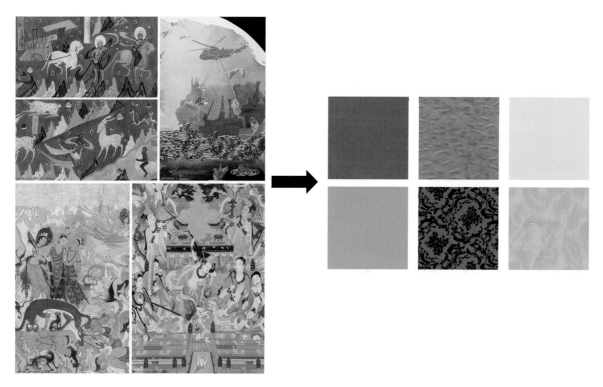

图5-4　从北欧室内风格、中国古典壁画提取的色彩分析

图5-5　材料趋势分析（作者：冉林鑫）

二、主题设计

提取调研内容后，我们已大致分析出创意服装的流行趋势预测，为这里的主题设计提供了方向和思路。主题设计即是根据调研内容，结合自己的创意，通过一些方法，从多个方面进行思考。这些方法有很多，总结为绘画、拼贴、并置、解构，以此四种常用的练习方式来呈现我们的设计主题。

（一）绘画

从绘画进行主题设计是最常见的方法。绘画作为一个最直接表达的方式，是设计的基础，可以帮助我们表现设计中的造型和形式美感，能直观地将设计想法呈现在观者面前。绘画也是最基础的技巧，需要在练习中不断探索和完善达到最理想的效果。绘画方式有纸上绘画和电脑绘画。纸上绘画可以使用铅笔、钢笔、马克笔和颜料等工具材料，其优点在于容易上手练习，能绘制出风格独特的作品，并且方便设计师及时把头脑中一闪而过的灵感记录下来；电脑绘画可以使用数位板工具，结合设计软件SAI、Photoshop、Painter等操作，其优点在于能下载各种各样的笔刷绘制独特的肌理效果，绘制出的图案画面干净，格式便于用作电脑编排利用。熟练运用各种工具绘画，能很好地表现风格各异的主题（图5-6、图5-7）。

图5-6 依据非洲文化的调研资料，用绘画表现主题设计（作者：柴欣）

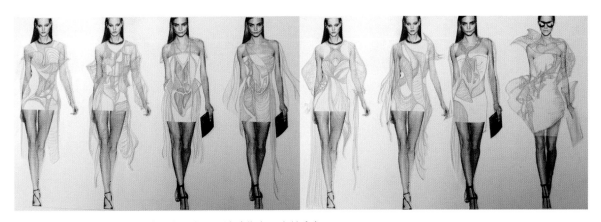

图5-7 依据材料分析，用绘画表现主题设计（作者：冉林鑫）

（二）拼贴

拼贴是进行主题设计较有趣的一种方式。利用拼贴可以随机地或有意识地将不同地方获取的信息拼凑到一起，得到意外的形式。这些信息可以是报纸一角、照片局部、杂志某一版块，或食物，或物品等。通过拼贴，可以探寻不同元素，尝试各种新的廓型、结构与风格。同时，好的拼贴作品，也可以启发我们更多创意。在拼贴过程中，作品形式没有任何限制，几何造型、自由波形、对称与非对称、夸张比例等多种组合形式均可，也可打破其内部结构或外部廓型的束缚，使作品整体具有美的形式感（图5-8、图5-9）。

图5-8　用拼贴表现主题设计，摄影师萨布丽娜·泰森（Sabrina Theissen）
作品将人的肢体器官、动物毛皮、植物花卉、服装面料等多个元素拼贴组合，构图上十分讲究控制比例，结构廓型严谨，拼贴后的图片不会看上去很混乱，反而形式感更强。

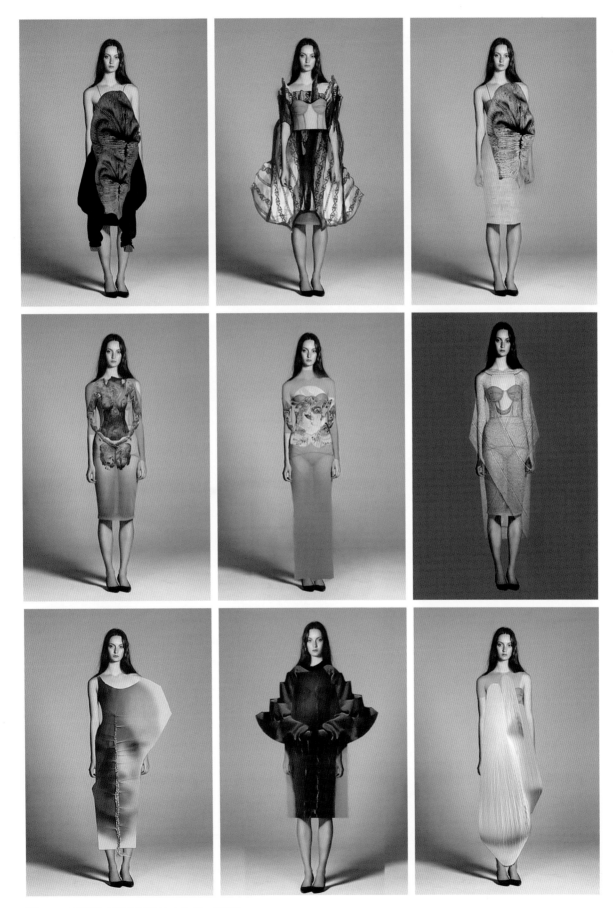

图5-9 用拼贴表现主题设计（作者：梁蕊）

（三）并置

拼贴是拼凑多种不同造型的元素，而并置是有意识地将类似接近的元素并列放置在一个平面上，这种形态相似、质感不同的元素并列排放可以形成对比，同时又能激发头脑中的联想引起共鸣。如图5-10所示，这是国外学生作业，采用并置方式设计主题，将皮革编织物、类似花纹的蛇、动物脊椎这三种形态相似的元素并列放置，三者在造型上有相似之处，但在质感上又能产生对比。

图5-10　用并置表现主题设计，设计师塞尚·阿加莎（Cézanne Agatha）

（四）解构

什么是解构呢？从字面上理解，"解"意为解开、分解、拆卸；"构"是结构、构成之意，两个字合在一起则可理解为解开之后再构成的意思。在服装创意设计领域，也有解构主义这一风格之说，以东方的三宅一生、川久保玲、山本耀司（Yohji Yamamoto）三位大师为代表，他们擅长将服装原本结构拆解，再重新组合形成新的设计。例如，将西装的衣领拆卸再组装到裙摆上，将袖子用作腰带的手法，使服装不再拘泥于传统穿着形式，任何部位都可以重新利用再设计。

在主题设计中，解构练习即是拆解调研成果使其成为一个新视角，是将原有的信息拆解开，再以不同的方式组合成新的形态。我们可以将解构理解为类似智力拼图的游戏，将信息打散、重组，这是一个非常有趣且能传递无限想象的创作方式（图5-11）。

图5-11 用解构表现主题设计（作者：马莉萍）
图为解构练习中产生的10种服装样式，在廓型、结构、形式上有多种变化，通过这一练习可以尝试得到最满意的设计主题。

三、元素转换

　　元素转换，即是将主题设计中的平面元素转换成服装语言，令设计更好地呈现。在上一步主题设计时，我们已获得了一些设计元素，如一些丰富的色彩、完美的比例结构、好看的图案、有意思的面料肌理，以及概念化的形式感。这些元素会在我们的脑海中形成联想并浮现出服装的细节和整体廓型等，那么如何将它们转换成我们最终所需要呈现的形态呢？这是每位设计者应当关注的。除了感性的想象外，还需要理性的操作，才能使设计真正完美呈现。

　　元素转换可以从两个步骤进行，一是将元素转换成图案，二是将元素转换成结构和工艺。

（一）转换成图案

　　设计元素转换成图案的方法有多种，可以直接转换（图5-12），也可以通过图案重构再转换（图5-13）。直接转换是指直接提取图案元素用到服装上，这是最便捷的方式，其重点在于发掘服饰纹样的美，并将其直接利用。图案重构是指将图像分解再构成，是一种实验性的方式，通过重新组合，构成新的样式。

图5-12　元素直接转换成图案

设计将图案元素通过数码印花方法印到面料上。

图5-13 图案重构再转换

设计将原有的图像元素打散，改变位置、顺序、层次等形成新的形
式用于服装上。

图5-14 元素转换成结构

（二）转换成结构和工艺

结构和工艺是元素转换的
重要步骤，一切设计形式都需
要通过结构和工艺来呈现，将
元素转换成结构和工艺可结合
第四章设计方法进行创意设计。
从形式、材料的具体创意方法
都可以得到不同的结构和工艺
效果（图5-14～图5-18）。

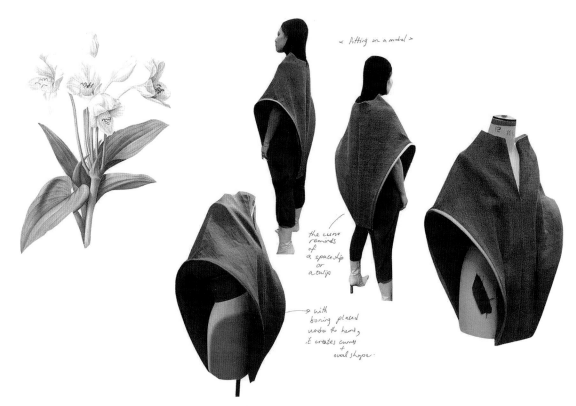

图5-15　元素转换成结构，设计师苏希（Sohee）

图5-16　元素转换成结构，设计师艾玛纽尔·林格特（Emmanuel Ryngaert）

图5-17 元素转换成工艺——刺绣工艺
通过刺绣工艺完成，刺绣的水仙花图案带来浪漫的少女气息，融入轻盈透薄的面料，增添清新唯美的色彩，采用细腻的剪裁设计，诠释出焕然一新的知性优雅。

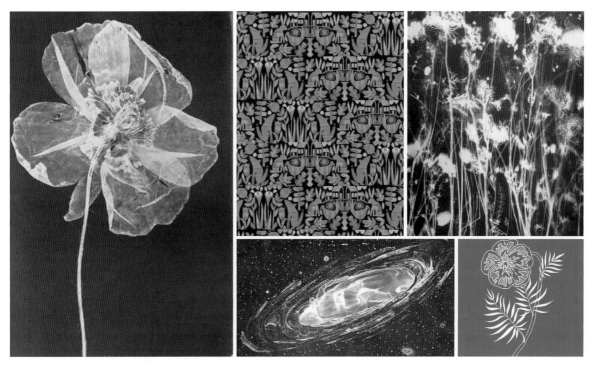

图5-18 元素转换成工艺——丝网印刷、手工印染工艺

四、实现创作

实现创作需要将设计从草图、效果图、款式图、结构设计制作、工艺制作、成品、陈列这几方面按步骤完成，在这里主要分为三大部分：设计、制作、呈现。

（一）设计

设计阶段，即是设计服装草图、效果图、款式图，是服装系列成型的第一步。应明确设计主题，设计中心突出，在一个系列中不要有多个设计点，避免混淆重点。设计时，细节服从整体，有主有次，层次清晰，无论是突出哪个方面，款型设计、面料选择、色彩搭配以及配饰设计，都要符合拟定的设计主题与理念。

1.草图阶段

草图可以在纸上绘画表现，也可以使用数位板在电脑上绘画表现。绘制草图时，不要过早评估，也不要害怕表现出幼稚，它是设计思维的发散阶段，很多创新的想法最初看起来往往显得不成熟，但需要我们把头脑中所有的想法都表现出来，从而在丰富的基础资源中筛选，获得理想的设计，切勿将创造性的思维闪光扼杀在摇篮中。画草图时要与之前所提取的元素结合，充分体现主题（图5-19）。

2.效果图与款式图阶段

这是一个评估阶段。要在新鲜的有可能是幼稚荒诞的设想中找到可行性。在效果图与款式图阶段，需要评估草图的时尚、创新、主题、美感等方面。从几十甚至几百张草图中，选取满意的设计，用效果图和款式图详细地展示服装样式、细节部位。效果图的表现根据设计师的风格而定，可以写实也可以写意，要充分表现服装的艺术感，且尽量完整地表达设计师的设计意图和美感。款式图则要清楚表达服装结构的工艺制作要点和来龙去脉，最终图稿应包括色彩、款式、面料、工艺、廓型等（图5-20~图5-22）。

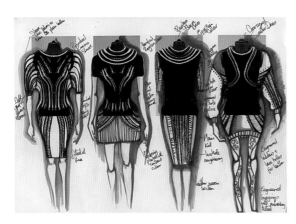

图5-19　草图，设计师塞尚·阿加莎

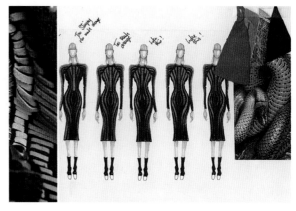

图5-20　效果图，设计师塞尚·阿加莎

图5-21 电脑绘制服装效果图

图5-22 电脑绘制服装款式图

（二）制作

制作是服装成型的第二步，也是非常关键的一步，制作技巧的优劣在很大程度影响服装的美感，因此制作时一定要讲究方法，且细致分析服装的结构和工艺。制作主要包含结构设计制作和工艺制作，结构设计制作出板型，工艺制作出样衣。

1.结构设计制作

服装结构设计，指从造型艺术的角度去研究人体结构与服装款式的关系，通过平面裁剪或立体裁剪的方式来体现。结构设计是理性的，紧密围绕人体，同时注重构架上的立体感、造型感、比例感、层次感，重点突出人体美学，表现设计的廓型效果。结构设计有平面结构和立体结构的区分，制作时可单独采取平面结构或者立体结构设计，也可以结合平面立体共同设计。不管是哪种设计类型，构架都十分重要，每个部位都会影响最终呈现的整体效果。如何进行结构设计呢？主要列举以下三种方法。

（1）平面结构设计制作，对于传统服装设计而言，其结构往往采用平面结构的制作方式，通过平面裁剪制作板型，在服装衣片上做分割，改变外观结构。在创意服装设计中，平面结构设计不再局限于简单地将衣片分割的手法，更多的是夸张化处理（图5-23）。

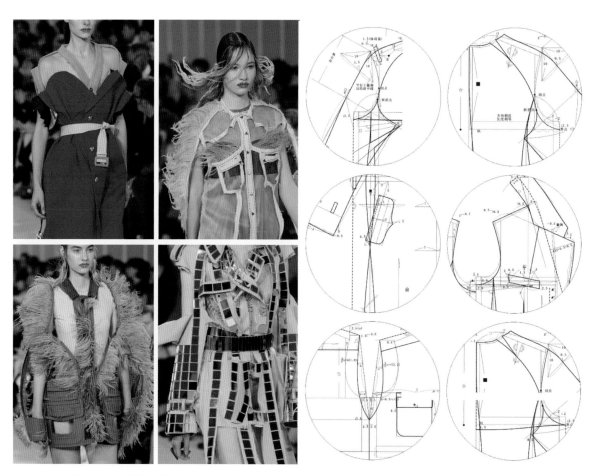

图5-23　服装平面结构设计制作

左图为品牌Maison Margiela服装作品，服装为外套、风衣、衬衫等款式，设计师在服装平面结构上做了夸张的设计，将原始大衣板型进行挖切，仅保留基本骨架，这种在同一平面进行结构设计的方式使服装看起来有创意且丰富；右图为服装平面结构设计制作。

（2）立体结构设计制作，指用立体裁剪、平面裁剪或立体与平面结合裁剪的方式制作板型。服装创意设计较多采用立体结构设计制作，以日本设计师川久保玲、山本耀司等大师为代表，他们擅长将服装结构进行解构、重组立体效果（图5-24）。

（3）平面结构与立体结构相结合设计制作。

图5-24　服装立体结构设计制作
左图为服装立体结构设计制作，图来源于左衽中国；右图为品牌Comme des Garcons服装作品，设计师在服装结构设计上做了大量文章，将平面的衣片结构转换成立体结构，在服装的肩部、袖子、衣摆等处都做了立体效果，形式感很强。

2.工艺制作

结构设计制作完成，接下来是工艺制作，要求材料及制作手法符合主题意义。针对创意服装，可以探究特殊工艺与创新工艺，以品牌 Dior 未完成的服装系列为代表，如图 5-25 所示，品牌 Dior 2005 年秋冬高级定制时装发布秀以"创造"主题。这个主题呈现的是半成品服饰，工艺制作采用未完成的创意手法，随意地用布料围搭成型，衣服上留着打板的笔触和缝纫的线头，模特的手腕上还戴着针插。这种刻意制作的不完整感打破了传统工艺的表现方式，非常的时尚。除了未完成的创意工艺手法，还有使用别针及铆钉代替针线缝合的工艺、绗缝工艺等，以品牌 Versace 的别针礼服为代表（图 5-26）。

常见的工艺制作方法包括刺绣、印花、抽褶、编织等，推敲如何表达工艺以达到设计效果，需要进行多种实验，运用不同工艺手法营造出丰富的立体效果（图 5-27 ~ 图 5-29）。

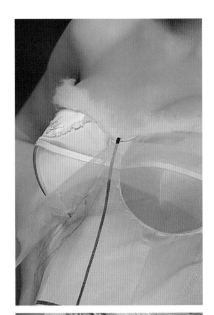

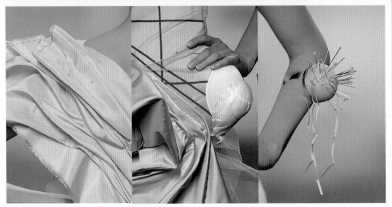

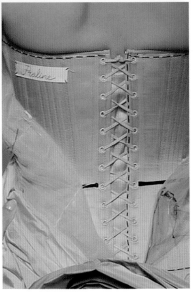

图 5-25 "未完成"工艺制作，品牌 Dior

图5-26 缝合工艺制作,品牌Versace

由意大利设计师詹尼·范思哲(Gianni Versace)操刀设计的别针礼服是品牌Versace的经典服装,这个系列的创意礼服均使用别针代替针线缝合工艺,同时,别针起到很强的装饰作用。

图5-27 刺绣工艺

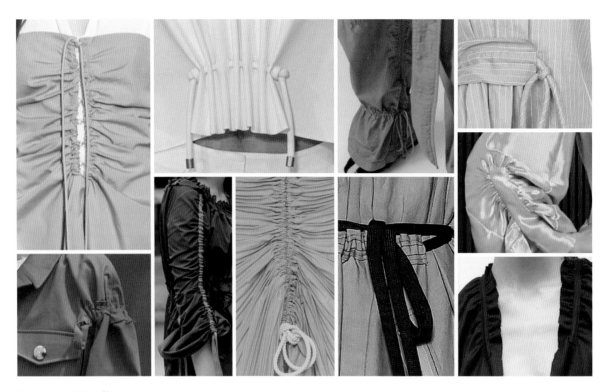

图5-28　抽褶工艺

图5-29　编织工艺

（三）呈现

呈现是实现创作的最后一步，在这个过程中，设计被转化为成品，并展示出来。呈现是传递服装作品的设计理念、风格、精神和整体效果。呈现服装设计表现在整体形象设计和服装陈列两个方面。

1.整体形象设计

整体形象设计，指从美容、化妆、服装设计等方面专业地为模特打造外在形象，形成整体的视觉效果。在做整体形象设计时，首先需要设计出妆面手稿，其次给模特化妆、做发型、搭配配饰，最后通过模特的肢体表现、影棚布光等用镜头记录画面。其呈现的整体形象画面应符合设计初衷，充分表现主题，这是设计程序中不可缺少的一部分，在整个创作中属于画龙点睛的重要环节。

整体形象设计大片可以表现为故事性的画面、装饰性的画面以及概念性的画面等（图5-30、图5-31）。

作者：向书沁

作者：杜希

作者：欧阳宇晨

图5-30　整体形象设计大片（一）

作者：陈石

作者：温会宇，张荣，麻积珍

图5-31 整体形象设计大片（二）

2.服装陈列

服装陈列也就是将服饰以某种方式展现给观众，涉及空间、形式、色彩等方面的把控。陈列分为静态陈列和动态陈列（图5-32、图5-33）。静态陈列指在一定空间内，将服装置于衣架或人体模型上，加上场景布置静态摆放陈列；动态陈列则是指模特以T台走秀的方式进行展示。

陈列时，应该注重空间的层次感、空间视觉线牵引、陈列的动态感、比例大小、欣赏性等。服装陈列不仅仅是展示服装结构和款型，还要注重产品和概念，应根据不同的服装定位与环境需求围绕主题进行。一个鲜活的故事，一个艺术的空间，可以让品牌理念、展示空间、产品设计更加丰满完整。

图5-32 服装橱窗静态陈列，品牌Comme des Garcons

图5-33 服装T台动态陈列，品牌Lu Young

五、案例分析

经过本章学习，我们掌握了设计程序的调研、主题设计、元素转换、实现创作四个重要步骤。每个步骤都需要做相应练习，最终使作品完整呈现。本节主要以学生的课堂作业做案例分析，以便更清晰地展示整个设计过程。

案例一：陆佳丽作品设计程序

1.调研

通过调研将资料采集，由图可见资料为二手资料，多来自网络、杂志等，是设计中所涉及的真实素材。作者希望将创意服装设计与立体感强烈的建筑和装置艺术结合在一起，因此调研的内容包括日本艺术文化建筑轻井泽博物馆，充满未来主义色彩的装置艺术"肉毒杆菌云"，带有强烈视觉效果的灯饰艺术以及折纸艺术（图5-34、图5-35）。

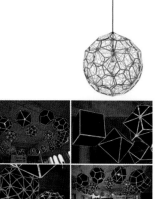

素材一：轻井泽博物馆——有名的日本博物馆，建筑设计灵感来源于日本艺术文化——"折纸""日本扇""屏风"等，不禁让人惊叹一张纸，也能有无限的可能性，创造出各种各样的造型，它们与西方的几何设计有着相似之处，甚至引领现代艺术与他们的创意和审美相结合。

素材二：肉毒杆菌云——一组充满未来主义色彩的装置艺术设计，如云朵般的造型也似雨雾般可以随意组合拼接，呈现出各种姿态。这是以一种与观者互动的表现形式来塑造每一个云结构的概念体，每一种组合和多面体的形式都给予作者丰富的想象空间。

素材三：彩色织线空间——平面与立体相结合，线性与空间的关系，视觉上的感受，都给予作者视觉上的享受及灵感。

素材四：灯饰艺术——灯饰的多面体造型具有强而有力的形式感。

图5-34 调研——资料采集与整理
作者搜集以上建筑设计及装置艺术的素材，目的是将创意服装与建筑、装置艺术相结合。

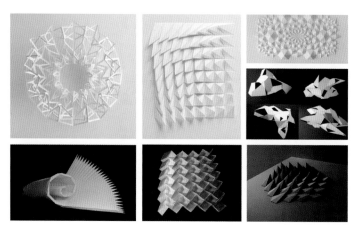

图5-35 调研——提取调研内容：折纸元素
通过大量的资料采集与整理，作者将调研内容锁定于"折纸"。一张纸，能产生无限的可能性，创造出各种各样的造型。可折叠的结构反映了我们的世界是不断变化的，作者在几何、变形和游戏中寻找美的感受。

折纸效果

2.主题设计

通过调研，大致确定了设计方向以及整体流行趋势，并提取出有用的创意点"折纸"。因此，主题围绕生活中的折纸艺术展开设计，并做了3个实验，以纸为材料，动手实验（图5-36）。

实验1：折纸作品由92张正方形的纸组合折叠，其中可以将它表面的角关闭或者打开，此过程可以联想到花朵的绽放过程，感觉生命在延续。

实验2：这件多面体五角星折纸作品是由35张3：5的长方形纸组合而成，利用三角形面与面的结合把它变成立体的形态。

实验3：折纸作品由12张纸共同拼折完成，每一个效果都是由一件作品变化而来，并可以360°翻折。

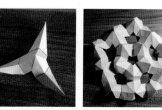

实验1

实验2

实验3

图5-36 主题设计——折纸实验

3.元素转换

　　确定了折纸主题，将主题元素进行设计，转换成结构和工艺练习（图5-37）。作者在材料的选择上也做了多个实验，首先，一般面料不容易折出纸质效果，于是，设计师采用烫好衬的白坯布做实验，结果是不够精细；然后，选用一种新型复合面料，它是在布的下面覆合一层材料，使之触感如同纸一般，这种经过处理的纸感面料既有布的质感也有纸的效果，并且不易损坏，塑形效果强（图5-38）；最后，设计师选择了亚克力材料制作钻石模型（图5-39）。

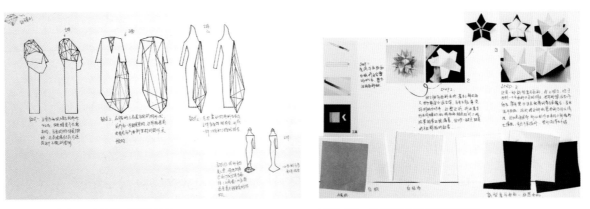

图5-37　折纸元素转换成服装结构　　　　　　　　　　图5-38　选择适合做折纸的面料

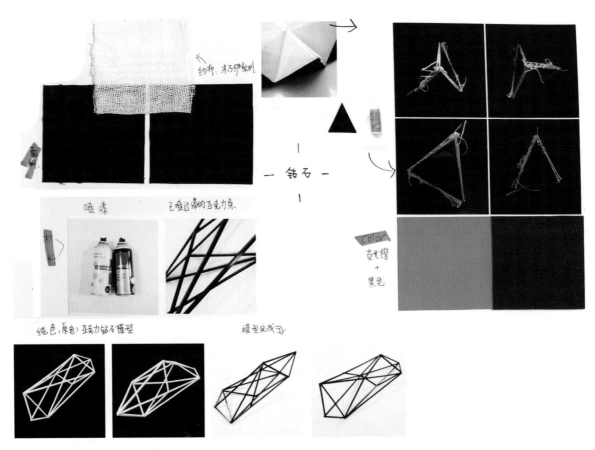

图5-39　选择制作钻石模型的材料

4.实现创作

　　实现创作应明确主题、中心突出，细节有主有次，无论是款式、面料、色彩、装饰都需要符合设计理念并具有时尚感。这个过程先是草图，然后是效果图和款式图。设计师在草图阶段大胆表现了自己的想法，多次修改后绘制出效果图（图5-40）。

草图

效果图

图5-40 实现创作——草图、效果图绘制

案例二：罗杰作品设计程序

本次设计主题为"跨界与融合"，作者围绕这个主题展开一系列设计程序。与案例一有所区别的是，案例二归纳起来可分为三个步骤，包括调研、主题设计、实现创作。调研时，作者根据已拟定的主题"跨界与融合"展开资料收集，并提取概念绘制草图；主题设计时，作者深化完善设计效果图；实现创作时，作者选取符合主题的制作材料进行作品制作。通过这三个步骤呈现作品。

1.调研

围绕"跨界与融合"展开调研，调研资料来自于网络中的一组人体插画，以此为理念启发。作者认为，长久以来，人都是作为物质活动的主体，服装依附于人体，同样是扮演者的角色，在谈及"被穿"的时候，若是将主客双方角色互换，将会是另一种情景，当"衣服穿到人上"变成"人穿到衣服上"，将会是戏剧性的新碰撞。通过这样一种方式，让每个观众更加关注自身，也让我们以一个新的身份和视角重新思考自身作为一个自然人的生活状态和生活方式，重新看待身边的世界，这是作者最后决定做这个设计的根本动机（图5-41）。

图5-41　调研——人体插画

2.主题设计

作者进行主题设计时，采用绘画方式表现。设计以大面积的花卉造型覆盖人体，隐化"人"的概念，从效果图可以看出，服装表面局部出现类似人体皮肤的肌理效果，从而完成从"衣服穿到人上"到"人穿到衣服上"的概念转变（图5-42）。

图5-42　主题设计——绘图表现

3.实现创作

这一过程包括选取材料、制作及呈现三个过程，如图5-43所示，材料选择丝网花和硅胶。丝网花的特点是色彩丰富艳丽、造型多样、材质轻盈，适合大面积制作覆盖人体表面的立体花型，以达到隐化"人"这个概念的目的，并且具有独特的艺术表现力和感染力。硅胶的特点是触感接近人体皮肤，是特效化妆、躯体美容的材料首选，用硅胶表现服装上"人体的概念"是再合适不过。如图5-44所示，呈现了实现创作的过程，按照相同的摄影风格将整个系列创意服装用大片呈现。

图5-43 实现创作——选取材料、制作过程　　　　　　　图5-44 实现创作——摄影大片呈现

服装作品，品牌Iris van Herpen

第六章
学习大师

　　学习大师这个过程可以帮助我们更有效地融入创意服装设计的学习。通过赏析，一步步理解大师的设计理念，了解其设计和创作的方法，激发自己的创意思维，从而创作出属于自己的作品。本章列举几位著名的服装设计大师及其作品，通过了解，同学们可选择一位最喜欢的设计师对其作品进行分析并学习。

通过了解世界著名服装设计师的生平简介，欣赏其优秀作品，理解其设计风格、灵感来源，可以激发我们的创意思维。创意服装设计领域的设计师有很多，以侯赛因·卡拉扬、克里斯汀·拉克鲁瓦（Christian Lacroix）、亚历山大·麦昆、约翰·加利亚诺、让·保罗·高缇耶、马丁·马吉拉（Martin Margiela)、艾里斯·范·荷本、川久保玲、三本耀司、三宅一生、薇薇恩·韦斯特伍德（Vivienne Westwood）、拉夫·劳伦（Ralph Lauren）等大师为代表。本章着重介绍六位服装设计大师，排名不分先后，感兴趣的同学可以课后搜集设计师的相关介绍及其作品做详细分析。

一、侯赛因 • 卡拉扬

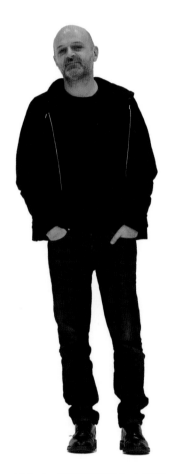

侯赛因·卡拉扬，千禧年前后的先锋艺术家，具有土耳其、塞浦路斯血统，被业界称为英国时装奇才，先锋艺术的接班人（图6-1）。1993年毕业于享誉盛名的中央圣马丁学院（Central Saint Martins），在学校读书的时候，就以探索创意性、概念性、实验性的服装设计而闻名。其设计具有强烈的超前性、未来主义和解构主义。他始终坚持着自己一贯的设计风格，一如既往地做着自己的实验，做了一系列以哲学、宗教、神话、科学为灵感的设计，将设计理念推到雕塑、家具、建筑或科技的高度。

他进行过许多创造性试验，例如把衣服和重金属埋葬在花园里，看看它们与泥土结合、变化、腐烂后的样子；把吸铁石缝在衣服上，并在T台上洒满铁屑，看模特走过T台铁屑被吸引到衣服上的过程；还有名为"航空邮件"的红蓝镶边白外套，短裙折叠后确实能够装进信封里；以及他的实验性作品——房间里的椅子被折叠起来放在衣箱里，椅套以及一圈一圈的木头制成的咖啡桌被制成裙子穿在模特身上；还有那些穿在模特身上却被气球吊起来的成衣，安装有自动控制装置的衣服。他的设计风格简洁利落，喜用直线条设计，将方形、三角形、圆形、气泡、光亮材质、永动机械、能量转换、视听世界、解构与组合等抽象形式和元素以严谨的服装形式展现出来。在卡拉扬的设计中，总能看到他非凡的创意、理性的思索以及严谨的艺术。他为我们营造了一个新奇的、令人震惊的、充满幻想的未来世界，作品令人难以忘怀（图6-2、图6-3）。

图6-1　设计师侯赛因·卡拉扬

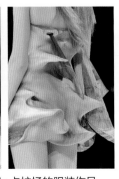

图6-2　设计师侯赛因·卡拉扬的服装作品

图6-3 设计师侯赛因·卡拉扬的服装作品

二、亚历山大·麦昆

亚历山大·麦昆，英国时尚圈著名的"坏小子"，被称为"可怕顽童"和"英国时尚界流氓"（图6-4）。麦昆出生于伦敦东区一个出租汽车司机之家，在中央圣马丁学院学习之前，到以度身定做手工闻名于世的伦敦萨维尔街接受正统的裁剪训练，并跟随日籍设计师立野浩二（Koji Tatsuno）及意大利名设计师罗密欧·吉利（Romeo Gigli）学习。从中央圣马丁学院毕业时，他推出了自己的首个独立的服装发布会，那次的毕业作品除了为他赢取了硕士学位外，也在公众面前展示了他日后将成为优秀设计师的才华。

麦昆做着的是时尚界少有的事，他唤醒人们对当时被忽视已久的女装裁剪手艺的热爱，带来了礼服外套，将男装风格融入女装，更重要的是他尝试不同的廓型，大胆做比例分割，将重点从腰部移开，填充臀部，沿着身体螺旋裁剪。他的作品常以狂野的方式表达情感力量，浪漫但又具有超强的现代感，具有很高的辨识度，设计风格处于现实与梦幻之间。他总能将两极的元素融入一件作品之中，如柔弱与强力、传统与现代、严谨与变化等。懂得从过去吸取灵感，然后大胆地加以"破坏"和"否定"，从而创造出一个具有时代气息的全新概念。他的服装设计通常充满了戏剧性，并始终坚持自己的叛逆性、创新性以及天马行空的想象力，令时尚界无法忽视他的存在。

在配饰方面，麦昆擅长配合设计一些非常独特的头饰，如动物的头角、动物的面具、鸟窝等。在服装表演的舞台设计方面，麦昆更是别出心裁，把表演场地选在喷水池中，或是将舞台设计成下着鹅毛大雪的雪地等，这些都是他的独创（图6-5、图6-6）。

图6-4　设计师亚历山大·麦昆

图6-5　设计师亚历山大·麦昆的服装作品

图6-6　设计师亚历山大·麦昆的服装作品

三、约翰·加利亚诺

约翰·加利亚诺，被称为无药可救的浪漫主义大师（图6-7）。1960年出生于直布罗陀，父亲是英国和意大利的后裔，母亲为西班牙人，6岁时举家迁居伦敦。1984年6月约翰毕业于著名的中央圣马丁学院，在这个培养艺术家的摇篮里，约翰学过绘画和建筑，而最终遵从内心的意愿选择了时装设计。一出校门，他的首批"灵感源自法国大革命"的作品便在布朗时装店的橱窗内展出。1985年约翰成立自己的品牌，1988年被评选为本年度最佳设计师，此后获得多次大奖。1995年移居法国接任品牌Givenchy的设计师，但他的个人风格与品牌诉求存在相悖之处。1997年他又接掌品牌Christian Dior首席设计师，并成功实现了将品牌年轻化的目标。2017年任品牌Maison Margiela设计师。

图6-7　设计师约翰·加利亚诺

加利亚诺总是和"奇才""怪才""鬼才""震撼""颠覆""变幻莫测""美妙绝伦"这些字眼纠缠在一起，他给人的感觉是凌驾于时装之上游戏、调侃、陶醉并置身其中。他的设计风格具有非常强烈的野性、朋克、张力与爆发感。他将古典时尚的精华，戏剧化地融入现代元素别有一番风情。他的标新立异不仅体现在作品的不规则、多元素、极度视觉化等非主流特色上，更是独立于商业利益驱动的时装界外的一种艺术的回归，是少数几个将时装先看作艺术，其次看作商业的设计师之一（图6-8、图6-9）。

图6-8　设计师约翰·加利亚诺的服装作品

图6-9 设计师约翰·加利亚诺的服装作品

四、艾里斯·范·荷本

　　品牌Iris van Herpen是由荷兰新锐女设计师艾里斯·范·荷本于2007年创立的同名服装品牌。荷本1984年出生于荷兰沃梅尔，是一位年轻且才华横溢的女性设计师（图6-10），在位于荷兰东部城市阿纳姆的荷兰艺术学院（ArtEz University of the Arts）攻读时装设计专业。荷本尤其擅长从服装本身的材质来做设计，并辅以夸张的造型。其品牌的2009年秋冬时装系列，设计师以木乃伊为灵感的设计一经推出便大受好评，之后在荷兰设计界的最高奖项"荷兰设计大奖"以及"梅赛德斯–奔驰荷兰时装奖"的评选中，荷本囊括多项大奖。2010年，其品牌全新的2010年春夏时装又在英国皇家节日音乐厅的秀场上大放异彩。成名之后的荷本时刻不忘感谢对她影响颇深的几位大师，除了共事过的亚历山大·麦昆、维克托·霍斯廷（Viktor Horsting）和罗尔夫·斯诺伦（Rolf Snoeren），还有瑞典设计师桑德拉·巴克伦德。

图6-10　设计师艾里斯·范·荷本

　　艾里斯·范·荷本的设计特色在于高科技，利用最新的摄影和印刻技术，不断挑战时装设计的极限。设计师将传统的古老手工艺与现实时代最新的高科技技术、材料相结合，创造性地实现了两个世界的完美融合，因而，荷本强迫时装在表达美与复兴之间的矛盾到达极致，她用她那独特的方式重塑现实、表达与强化人的个性（图6-11、图6-12）。

图6-11　设计师艾里斯·范·荷本的服装作品

图6-12　设计师艾里斯·范·荷本的服装作品

五、川久保玲

川久保玲，1942年出生于日本东京(图6-13)，在东京享有盛名的庆应义塾大学(Keio University)攻读艺术与文学专业。毕业后，川久保玲在一家纺织品公司工作。在日本的知名服装设计师当中，川久保玲是少数几个未曾到国外留学，而且未曾主修过服装设计的特殊设计师。1975年川久保玲在巴黎举办个人时装发布会，同年在东京建立了她的第一家精品时装店。1982年在巴黎开设Comme des Garcons精品时装店。

川久保玲的设计风格具有叛逆个性，但并不朋克。时装外表奇特浮夸，有着艺术家萨尔瓦多·达利（Salvdor Dalí）般的风格轮廓。善于将日本典雅沉静的传统融入服装立体几何模式和不对称重叠式，将创新剪裁与利落的线条、曲面状造型和沉郁的色调相结合，呈现出极具特色的视觉美感。她始终坚持着自己特立独行的创作理念，也许是她没有受过严格规范的专业训练，总有一种大无畏的创新精神。她别具一格的前卫形象，融合着东西方的思想观念，创造出了鲜明的个人风格。人们常用"前卫""另类"这样的字词来形容她永无止境的创意。

除了时装和配饰，川久保玲还花费很大精力投入到视觉设计艺术、广告和店面装潢设计等领域。川久保玲认同，所有这些领域其实是一个视野下的不同部分，因而有着内在的密不可分的联系（图6-14、图6-15）。

图6-13　设计师川久保玲

图6-14　设计师川久保玲的服装作品

图6-15　设计师川久保玲的服装作品

六、三宅一生

　　三宅一生，1938年出生于日本广岛市（图
6-16）。1959年，三宅一生在东京念大学，学的
是绘画，但是他真正的梦想是成为一名时装设计
师。1965年他到时装之都巴黎继续求学，并开
始为纪拉罗歇（Gila Roche）公司服务，1968年
和贝尔·德·纪梵希（Hubert de Givenchy）一
起工作，随后，他又为纽约的吉奥弗雷·比内
（Geoffrey Beene）公司工作。1970年他成立了自
己的工作室，并于1971年发布了他的第一次时装
展示，发布会同时在纽约和东京举行，并获得了
成功，他也从此步入了时装大师的设计生涯。他
的时装极具创造力，集质朴、现代于一体。

　　三宅一生似乎一直独立于欧美的高级时装之
外，他的设计思想几乎可以与整个西方服装设计
界相抗衡，是一种代表着未来新方向的崭新设计
风格。三宅一生的设计直接延伸到面料设计领
域，他将古代流传至今的传统织物，应用了现代
科技，结合他个人的哲学思想，创造出独特而不
可思议的纺织面料和服装，被称为面料魔术师。
三宅一生每在设计与制作之前，总是与布料寸步
不离，把它披挂在自己身上，感觉它、理解它，
他说："我总是闭上眼，等织物告诉我应去做什
么。"他对布料的要求近乎苛刻，因此他设计的
布料总是出人意料，有着神奇的效果，如传统的
绗缝棉布在三宅一生用来效果独特神奇。他偏爱
起绉织物和非织造布，独爱黑色、灰色、暗色调
和印第安的扎染色。三宅一生所运用的晦涩色调
充满着浓郁的东方情愫，他喜欢用大色块的拼接
面料来改变造型效果，格外加强了穿着者个人的
整体性，使他的设计醒目而与众不同（图6-17、
图6-18）。

图6-16　设计师三宅一生

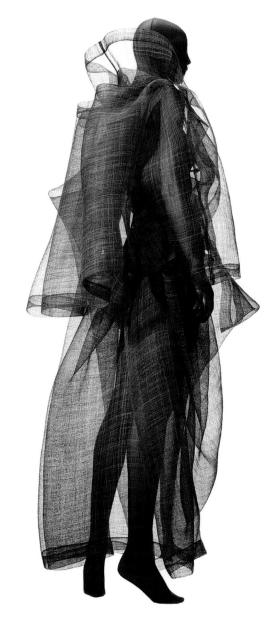

图6-17　设计师三宅一生的服装作品

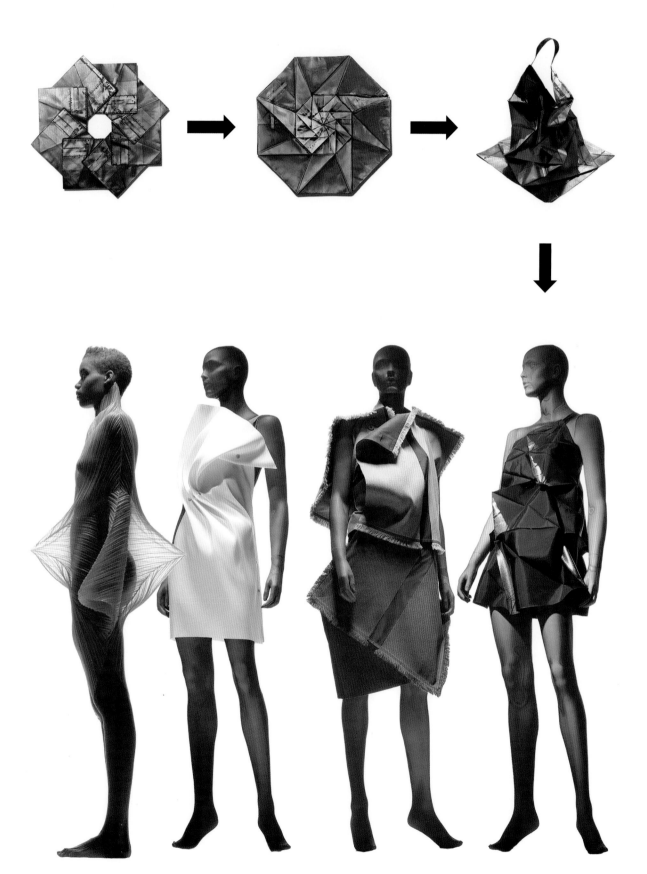

图6-18　设计师三宅一生的服装作品

参考文献

[1] 黄嘉. 创意服装设计 [M]. 重庆：西南师范大学出版社，2009.

[2] 王受之. 世界时装史 [M]. 北京：中国青年出版社，2002.

[3] 西蒙·希弗瑞特. 时装设计元素：调研与设计 [M]. 袁燕，肖红，译.北京：中国纺织出版社，2009.

[4] 杰妮·阿黛尔. 时装设计元素：面料与设计 [M]. 朱方龙，译.北京：中国纺织出版社，2010.